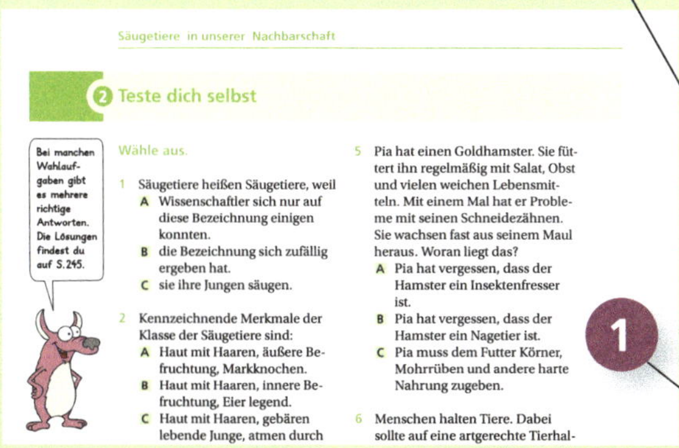

Löse mit Köpfchen

Durch vielfältige und interessante Aufgaben kannst du erworbene Kenntnisse wiederholen und anwenden.

Das hast du gelernt

Du erhältst einen Überblick über wesentliche Inhalte mehrerer Themenseiten.

Teste dich selbst

Hier kannst du dein Wissen selbstständig überprüfen. Die Lösungen findest du im Anhang des Lehrbuchs.

Ziel erreicht

Du erhältst einen Überblick über wichtige Inhalte des gesamten Lehrbuchs und trainierst das Lösen komplexer Aufgaben.

Autoren
Cornelia Härter
Dr. Heidemarie Kaltenborn
Lutz Schuwerack
Dr. Adria Wehser

Beiträge von
Dr. Dennis Barnekow, Jan M. Berger, Monika Biere-Mescheder, Dr. Karl-Heinz Firtzlaff, Dr. Edeltraud Kemnitz, Doz. Dr. habil. Christa Pews-Hocke, Michael Waldow, Prof. Dr. habil. Erwin Zabel

Redaktion Dr. Adria Wehser
Gestaltungskonzept Schröder Design
Einband Britta Scharffenberg, Schröder Design
Layout Christel Ruppin
Grafik Diener/Gluszak, Christiane Gottschlich, Melanie Groger, Martha-Luise Gubig, Peter Friedl, Christiane Mitzkus, Heike Möller, Walther-Maria Scheid, Sybille Storch
Titelbild © iStockphoto/Andrejs Pidjacs

www.cornelsen.de

Dieses Werk enthält Vorschläge und Anleitungen für Untersuchungen und Experimente. Vor jedem Experiment sind mögliche Gefahrenquellen zu besprechen. Beim Experimentieren sind die Richtlinien zur Sicherheit im Unterricht einzuhalten.

1. Auflage, 9. Druck 2021

Alle Drucke dieser Auflage sind inhaltlich unverändert und können im Unterricht nebeneinander verwendet werden.

Druck und Bindung: Livonia Print, Riga

ISBN 978-3-8355-4097-2

PEFC
PEFC/12-31-006

PEFC zertifiziert
Dieses Produkt stammt aus nachhaltig bewirtschafteten Wäldern und kontrollierten Quellen.

www.pefc.de

Inhaltsverzeichnis

Lebewesen und ihre Entwicklung

3 Die Vielfalt der Wirbeltiere ... 68

4 Wirbellose in unterschiedlichen Lebensräumen ... 118

5 Pflanzen in unserer Umgebung 148

Lebensräume von Lebewesen und ihre Veränderung

6 Lebensräume und ihre Bewohner 188

So kannst du vorgehen

1 Lebewesen in unserer Umgebung

1 Aufmerksam umgeschaut
Sieh dich zu Hause und in deiner Wohngegend genau um. Schreibe auf, welche Lebewesen du entdecken kannst.

2 Dach- und Kellerbewohner gesucht

Viele Tiere leben im Verborgenen, z. B. auf Dachböden oder in Kellern.
Nimm eine Taschenlampe und gehe auf die Suche nach solchen Tieren. Schreibe genau auf, welche Tiere du wo findest.

3 Interessante Pflanzen

Betrachte Birken und andere Bäume. Skizziere sie.
Stelle einen Tee aus Birkenblättern her.
Färbe ein Stück Stoff damit.

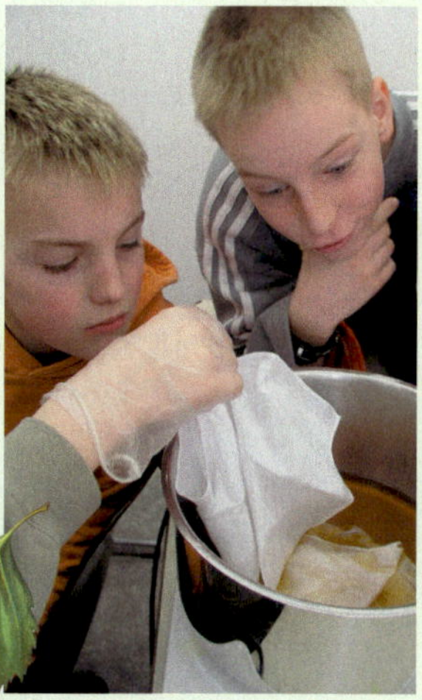

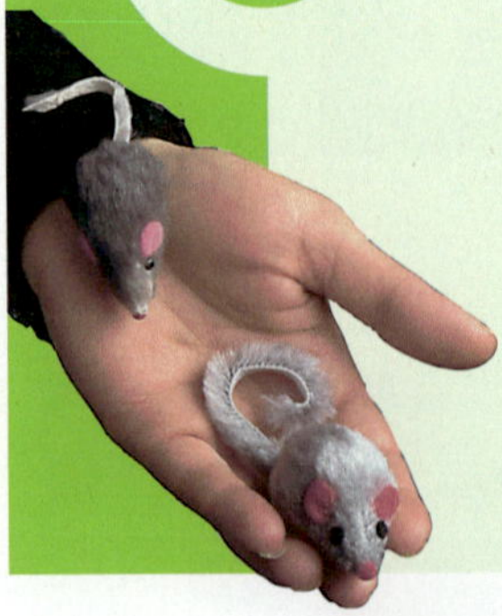

Lebend oder nicht lebend?

Hausmaus und Spielzeugmaus ähneln sich, jedoch nur die Hausmaus lebt.
Du erkennst es sofort, aber woran?

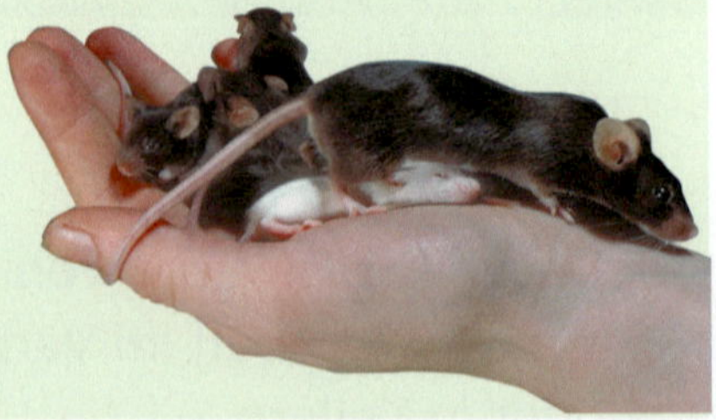

Erforsche es

Haustiere im Blick

Beobachte ein Haustier. Hast du kein eigenes Haustier, gehe in eine Zoohandlung oder in einen Tierpark.

1. Beobachte das Tier möglichst zu unterschiedlichen Zeiten. Notiere, was das Tier tut.
2. Wie reagiert es, wenn es Futter bekommt? Beschreibe deine Beobachtungen.
3. Hat sich das Haustier im letzten Jahr verändert? Erinnere dich oder frage nach und notiere deine Ergebnisse.

Tiere als Lebewesen

Schaust du zu Hause oder in deiner näheren Umgebung genauer hin, kannst du viele größere und kleinere Tiere entdecken.
Dazu gehören Haustiere wie der *Hund,* die *Katze,* die *Fische* im Aquarium oder Wellensittiche.
Aber auch Wildtiere wie eine *Spinne, Fliegen, Käfer, Vögel* und viele andere Tiere kannst du aufstöbern.

Tiere sind **Lebewesen.** Sie unterscheiden sich von unbelebten Gegenständen, wie beispielsweise Spielzeugmäusen. Sie unterscheiden sich aber auch von unbelebten Dingen aus der Natur, wie Steine und Wasser.
Alle Lebewesen haben **gemeinsame Merkmale.** Beobachtest du Tiere genau, kannst du diese Merkmale herausfinden.

- Nenne fünf Lebewesen.

Alle Lebewesen haben gemeinsame Merkmale.

Die Maus – ein Lebewesen

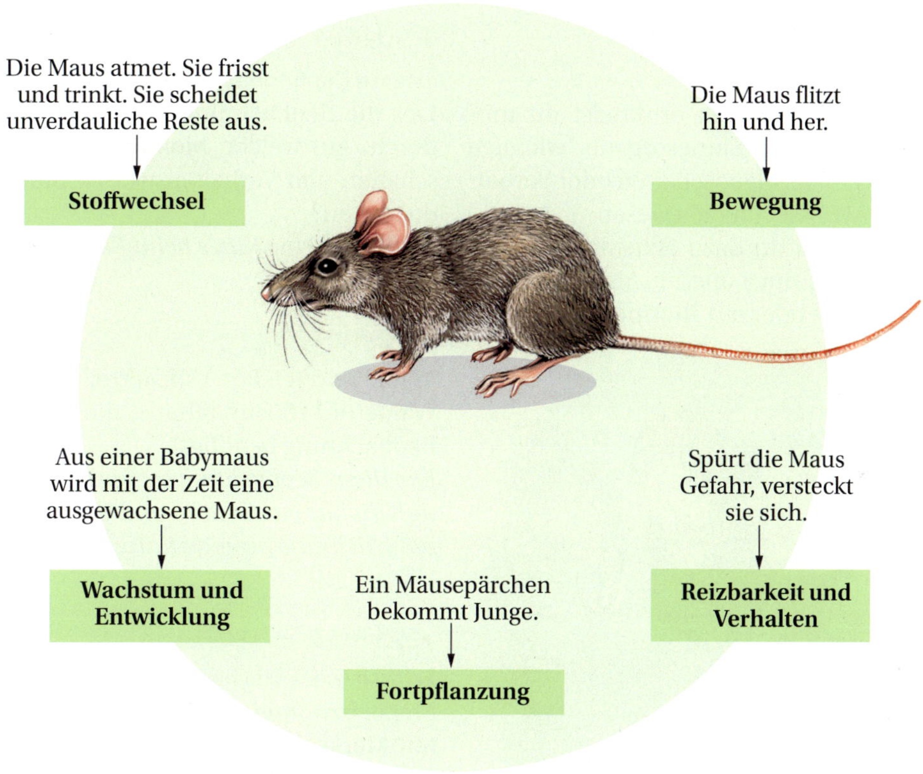

Aufgaben

1 Gib an, woran du ein Lebewesen erkennst. Nutze die Abbildung oben.

2 Beschreibe, woran du erkennst, dass die Plüschmäuse auf der Hand links oben nicht leben. ↗ S.13

3 Gehören die folgenden Beispiele zur unbelebten oder zur belebten Natur? Ordne zu: Schneeflocke, Kreuzspinne, Kind , Sandkorn, Buche, Hauskatze.

4 Beobachtet Vögel auf dem Schulhof. Tragt alle Beobachtungen zusammen. Ergänzt sie durch Informationen aus Büchern. ↗ S.12

5 Vögel sind Lebewesen. Belege, dass dieser Satz stimmt. Nutze dazu die zusammengetragenen Informationen aus der Aufgabe 4.

So kannst du vorgehen

Beobachten

Beim Beobachten ermittelst du mithilfe deiner Sinnesorgane wichtige Merkmale, Eigenschaften oder Verhaltensweisen von Lebewesen.
Oft musst du dazu Hilfsmittel benutzen, z. B. eine Lupe, ein Mikroskop, ein Fernglas oder ein Thermometer.

► Schritt 1

Erfasse die Beobachtungsaufgabe.
Lies die Beobachtungsaufgabe genau durch. Auf welche Merkmale, Eigenschaften und Verhaltensweisen musst du achten?
Beobachte eine Katze beim Beutefang.

► Schritt 2

Wähle notwendige Hilfsmittel aus.
Wähle die Hilfsmittel aus, die du zur Beobachtung benötigst.
Für diese Beobachtungsaufgabe benötigst du nur viel Geduld und Glück und natürlich eine jagende Katze.

► Schritt 3

Erfasse wesentliche Merkmale.
Merke bzw. notiere dir die beobachteten Merkmale und Eigenschaften sowie Verhaltensweisen.
Bewegt sich die Katze schnell oder langsam? Kannst du etwas hören? Fällt dir sonst etwas auf?

So kannst du vorgehen

Beschreiben

Hast du etwas Spannendes oder Wichtiges beobachtet, möchtest du es sicher auch anderen mitteilen. Dazu musst du deine Beobachtung möglichst genau beschreiben.

Stelle zusammenhängend dar, wie etwas beschaffen ist oder wie ein Prozess abläuft.
Bringe deine Aussagen in eine sinnvolle Reihenfolge.

Aufgabe:
Beschreibe ***die Bewegung*** *einer Katze beim Beutefang.*

Beim Beschreiben kannst du schrittweise vorgehen.

► Schritt 1

Gib das zu beschreibende Objekt oder den Prozess an.
Bewegung der Katze.

► Schritt 2

Erfasse wesentliche Merkmale.
Überlege, welche wesentlichen Merkmale, Eigenschaften oder Verhaltensweisen du darstellen möchtest.
Für dieses Beispiel kannst du die Notizen aus Schritt 3 Seite 12 nutzen.

► Schritt 3

Ordne Aussagen sinnvoll.
Schreibe deine Beobachtungen in einfachen Sätzen auf. Ordne die Aussagen dabei sinnvoll an.
Die Katze erspäht eine Maus. Sie schleicht sich ganz langsam heran. Dann duckt sie sich und bereitet den Sprung vor. Bewegungslos starrt sie die Maus an. Plötzlich macht sie einen Satz und springt genau auf die Maus zu.

Auch Pflanzen leben

Pflanze und Tier – gibt es wirklich Gemeinsamkeiten?

Eine Zimmerpflanze geht ein, wenn du sie nicht ausreichend gießt und ab und zu einmal düngst. Sie „verhungert". Wasser und Nährsalze nimmt die Pflanze mit ihren Wurzeln aus dem Boden auf. Mit den Blättern nimmt sie Kohlenstoffdioxid aus der Luft auf und gibt Sauerstoff und Wasserdampf ab. Pflanzen **atmen** und **ernähren** sich.

- Was hast du über den Stoffwechsel von Pflanzen erfahren?

- Erstaunliche Mimose: Beschreibe, wie die Pflanze auf Berührungen reagiert.

Viele Pflanzen sind an einem Ort festgewachsen. Trotzdem **bewegen** sie sich. Beispielsweise öffnen und schließen sie ihre Blüten und wenden die Blüten und Laubblätter zum Licht.

Pflanzen haben zwar keine Sinnesorgane. Trotzdem nehmen sie Informationen aus der Umwelt auf. So reagieren sie auf den Lichtreiz. Sie sind **reizbar.**

- Nenne je ein Beispiel für Bewegung und Reizbarkeit bei Pflanzen.

Eine junge Pflanze **wächst,** wenn sie Wasser und Nährsalze erhält. Das kannst du z. B. bei einer *Bohnenpflanze* gut beobachten.
Die Pflanze bildet mit der Zeit Blüten und Samen aus. Aus den Samen **entwickeln** sich neue Pflanzen. Die Bohne hat sich **fortgepflanzt.**

- Fasse den Abschnitt in einem Satz zusammen.

Pflanzen zeigen alle Merkmale von Lebewesen.

Erforsche es

Eine Pflanze unter Glas

Aufgabe:
Stelle eine Pflanze unter eine Glasglocke. Gib auf die Wasseroberfläche etwas Öl.
Lass die Pflanze einen Tag dort stehen und schau dir dann das Glas genau an.

Pflanzenrennen

Aufgabe:
Lass Blumentöpfe auf der Fensterbank einige Tage an der gleichen Stelle stehen und drehe sie auch nicht.
Beobachte die Pflanzen täglich. Haben sie sich bewegt?
Drehe die Töpfe dann um genau 180°. Beobachte erneut. Wie sieht es nun mit der Bewegung aus? Wenn du mehrere Pflanzen beobachtest, dann kannst du Wetten abschließen, welche die schnellste sein wird.

Aufgaben

1 Lass Kressesamen keimen. Beschreibe, in welche Richtung sich die Blätter entfalten. (Tipp: Gießen nicht vergessen.) ↗ S.13

2 Sammle Samen und Früchte verschiedener Pflanzen. Notiere, wozu diese Teile der Pflanzen dienen.

3 Schau dir noch einmal das Schema auf S. 11 an. Erstelle ein ähnliches Schema für eine Bohnenpflanze.

So kannst du vorgehen

Lesen und Auswerten von Texten

Wenn du ein spannendes Buch liest, im Internet surfst oder die Gebrauchsanleitung für dein neues Handy verstehen willst, erhältst du Informationen. Bei Texten in Lehrbüchern oder in Nachschlagewerken geht es ebenfalls darum, wichtige Inhalte zu erfassen. Das ist nicht immer einfach.

Gehe beim Lesen und Auswerten von Texten schrittweise vor. So verstehst du die Texte besser und behältst den Inhalt länger im Gedächtnis.

▸ Schritt 1

Erfasse die Leseaufgabe.
Lies die Aufgabe genau durch. Wenn du sie nicht richtig verstanden hast, frage noch einmal nach.

Erarbeite mithilfe des Textes die wesentlichen Merkmale von Lebewesen am Beispiel der Pilze.

▸ Schritt 2

Erfasse den Hauptinhalt des Lesetextes.
Lies den ganzen Text durch, damit du einen Überblick erhältst.
Unterstreiche alle Wörter, die du nicht kennst.

Hinweis: Gehört das Lehrbuch nicht dir, arbeite mit einer Kopie.

Pilze – erstaunliche Lebewesen

Du kennst Waldpilze, z. B. den *Fliegenpilz,* den *Steinpilz* oder den *Pfifferling?* Auch *Schimmelpilze* sind dir bekannt, weil du den „Rasen“ auf Brot und anderen Lebensmitteln schon oft entdeckt hast?
So ganz stimmt das nicht. Was du gesehen hast, sind die sogenannten Fruchtkörper der Pilze. Sie bilden die Sporen aus. Diese dienen der Vermehrung der Pilze.

Der eigentliche Pilz versteckt sich im Boden oder in den Nahrungsmitteln. Er besteht aus einem verzweigten Fadengeflecht. Das Geflecht hat sich aus einer kleinen Spore entwickelt und wächst jedes Jahr weiter. Dabei wachsen einige Enden aufeinander zu.
Verschmelzen sie, entstehen an dieser Stelle Fruchtkörper. Allerdings müssen dafür die Bedingungen stimmen: Nur bei ausreichender Feuchtigkeit und der richtigen Temperatur kannst du beispielsweise die beliebten Speisepilze sammeln. Sonst bleibt dein Korb leer.

Beispiele
Fortpflanzung
Wachsen/Entwicklung
Reizbarkeit

Pilze haben in der Natur große Bedeutung. Sie ernähren sich von Stoffen, die andere Organismen gebildet haben. Viele Pilze zersetzen pflanzliche und tierische Reste und haben die Funktion einer „Müllaufbereitungsanlage". So wird die Erde nicht von einer anwachsenden Schicht aus Überresten bedeckt. Die „aufbereiteten" Stoffe können erneut genutzt werden.

Ernährung

Pilze ernähren sich anders als Pflanzen und Tiere. Auch ihre Fortpflanzung und Entwicklung unterscheidet sich. Deshalb gehören sie nicht zu den Pflanzen oder Tieren. Pilze bilden eine eigenständige Gruppe von Lebewesen.

weder Pflanze noch Tier

► Schritt 3

Arbeite den Text gründlich durch.

Lies den Text jetzt gründlich durch. Kennzeichne Wörter, die dir wichtig erscheinen, mit einem Marker.
Kläre die unbekannten Wörter mithilfe des Registers im Lehrbuch oder nutze Nachschlagewerke.

► Schritt 4

Erkenne die inhaltliche Gliederung.

Formuliere für jeden Abschnitt des Textes eine inhaltliche Überschrift. Schreibe diese Überschrift an den Rand des Abschnitts.
Schau dir die Abbildungen zum Text an. Welche Beziehung zwischen Text und Abbildung gibt es?
Stelle Fragen an den Text und versuche sie zu beantworten.

► Schritt 5

Fasse das Wesentliche zusammen.

Lies den Text erneut gründlich durch. Formuliere wichtige Inhalte des Textes in einer Zusammenfassung, besonders wenn es ein längerer Text ist. Vergleiche deine Zusammenfassung mit der Aufgabe. Hast du alles berücksichtigt? Präge dir die wichtigsten Inhalte ein.

Pilze sind Lebewesen. Sie wachsen und entwickeln sich. Sie pflanzen sich fort. Reizbarkeit und Stoffwechsel lassen sich nachweisen.
Pilze weisen andere Merkmale auf als Pflanzen und Tiere. Sie bilden eine eigenständige Gruppe von Lebewesen.

Das hast du gelernt

Was lebt?

Zu den Lebewesen gehören

Lebewesen sind gekennzeichnet durch

- Stoffwechsel
- Bewegung
- Fortpflanzung
- Reizbarkeit
- Wachstum und Entwicklung

Löse mit Köpfchen

1. Suchbild
Notiere alle Lebewesen, die du auf der Zeichnung erkennen kannst.

2. Lebewesen: ja oder nein?
Übernimm die Tabelle in dein Heft und ordne die folgenden Dinge oder Lebewesen zu: Eiche, Reh, Stein, Maulwurf, Schneeglöckchen, Eiszapfen, Mineralsalz, Birkenpilz, Wassertropfen.
Begründe deine Zuordnung.
↗ S. 55

Lebend	Nicht lebend

3. Pflanze, Tier, Pilz oder Stein?
Finde es heraus. Trage Wissenswertes zu diesem „Ding" zusammen.

4. Lebensnah, doch nicht lebendig
Überlege, worin sich Baby und Babypuppe unterscheiden.
Stelle die Merkmale in einer Tabelle zusammen.

5. Wahr oder gelogen?
Ein Klassenkamerad behauptet, ein Auto wäre ein Lebewesen, denn es könne sich bewegen. Außerdem hätte es einen Stoffwechsel: Es würde Benzin aufnehmen und Abgase ausstoßen. Setzt euch mit dieser Meinung auseinander. Sammelt Argumente und führt eine Diskussion in der Gruppe.

6. Gibt es denn so etwas?
Hast du schon einmal von einer Blumenuhr gehört? Wenn nicht, recherchiere, was damit gemeint ist.
Wende deine Kenntnisse an und erläutere, wie so eine Uhr funktioniert.

7. Pflege leicht gemacht
Notiere drei Pflegetipps für eine Zimmerpflanze.

Von großen und kleinen Tieren

Erarbeitet Steckbriefe von verschiedenen Tieren und veranstaltet einen Quiz. Wer erkennt die meisten Tiere?

Gesucht wird ein Wildtier

Schaust du dich aufmerksam in deiner Umgebung um, kannst du viele unterschiedliche Tiere beobachten.
Da zwitschert ein *Vogel,* die *Spinne* lauert im Netz auf Beute, ein Marienkäfer krabbelt auf einem Zweig mit *Blattläusen.* Vielleicht entdeckst du eine *Eidechse,* eine *Schnecke,* eine Raupe oder Spuren von *Regenwürmern* und einem *Maulwurf.*

1,5 Millionen verschiedene Tierarten sind heute bekannt.

Sie unterscheiden sich z. B. durch ihre Gestalt, ihre Größe, durch die Fortbewegung und Lebensweise.
Allerdings gibt es auch Gemeinsamkeiten zwischen vielen Tieren. Wissenschaftler fassen Tiere je nach Ähnlichkeit in Gruppen zusammen und bringen so **Ordnung in die Vielfalt.**

- Nach Ähnlichkeiten im Bau werden Tiere in Gruppen eingeteilt.

Aufgaben

1 Lest euch noch einmal alle erarbeiteten Steckbriefe durch. Versucht, die beschriebenen Tiere zu ordnen.
Welche Tiere weisen Ähnlichkeiten auf?
Welche Gruppen würdet ihr vorschlagen?

2 Ein Mitschüler behauptet: „Schnecken, Rehe und Enten fressen Kräuter. Daher gehören sie in eine Gruppe." Setzt euch mit dieser Aussage auseinander.

Steckbrief

Die Weinbergschnecke

Lebensraum:
feuchte Stellen im Laubwald, in Hecken und Gebüschen

Bewegung:
Die Schnecke kriecht auf einer Schleimspur.
Sie bewegt sich durch Wellenbewegungen des muskulösen Fußes.

Ernährung:
Sie frisst weiche Pflanzenteile oder den Algenbewuchs von Gegenständen. Diese weidet sie mit ihrer Raspelzunge ab.

Fortpflanzung:
Weinbergschnecken sind Zwitter. Das heißt, sie besitzen männliche und weibliche Fortpflanzungsorgane.
Zwei Tiere befruchten sich gegenseitig und legen ihre Eier in Erdlöchern ab.
Aus den Eiern schlüpfen die Jungschnecken.

Besonderheit:
Die Schnecken stehen bei uns unter Naturschutz.

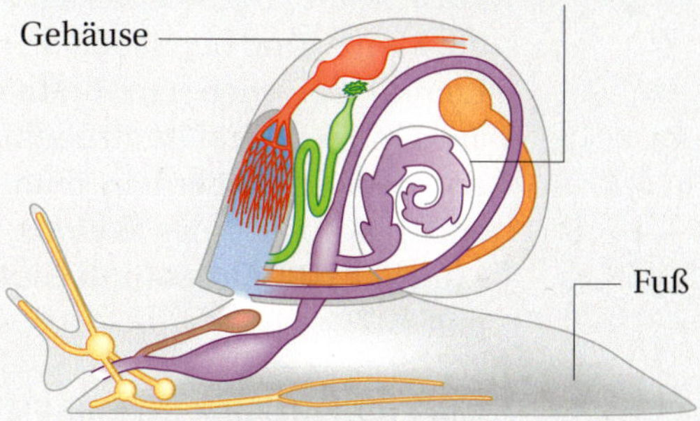

Gib an, wo die inneren Organe der Schnecke liegen.

Finde heraus, welche Feinde die Weinbergschnecke noch hat.

Leben mit und ohne Wirbelsäule

Esst ihr zu Hause ab und zu Fisch?
Schau das nächste Mal genau hin.
Was entdeckst du?

Zerlegst du einen Fisch beim Essen geschickt, entdeckst du im Inneren die Wirbelsäule. Daran befestigt sind u. a. die Rippen und der Schädel.
Kommt bei euch ein Brathähnchen auf den Tisch, findest du ebenfalls eine Wirbelsäule. Außerdem entdeckst du andere Knochen des **Skeletts**, z. B. die Knochen der Vorder- und Hintergliedmaßen.

Die **Wirbelsäule** ist ein wichtiges Merkmal, das zum Ordnen von Tieren herangezogen wird.
Sie durchzieht den Körper vieler Tiere und stützt ihn. Tiere mit einer Wirbelsäule heißen **Wirbeltiere**. Dazu gehören *Fische, Lurche, Kriechtiere, Vögel* und *Säugetiere*.

Insekten, Schnecken, Würmer und viele andere Tiere besitzen **keine Wirbelsäule.** Du kannst es fühlen, wenn du sie vorsichtig anfasst. Diese Tiere sind **wirbellose Tiere.**

Wirbeltiere besitzen eine Wirbelsäule, wirbellose Tiere nicht.

Aufgaben

1 Zerlege einen gebratenen oder gekochten Fisch so, dass du die Wirbelsäule erkennen kannst. Beschreibe den Aufbau der Wirbelsäule. ↗ S.13

2 Im Text findest du fünf Gruppen von Wirbeltieren.
Notiere diese Gruppen in dein Heft und ergänze jeweils ein Beispiel. Suche ein Foto der aufgeführten Tiere und klebe es jeweils dazu. Vergleiche die Tiere. Finde Gemeinsamkeiten und Unterschiede. ↗ S. 23

3 Schnecken findest du auf Büschen am Wegesrand.
Die Abbildung auf Seite 21 zeigt den inneren Bau. Handelt es sich um ein Wirbeltier? Begründe deine Entscheidung. ↗ S. 55

So kannst du vorgehen

Vergleichen

Beim Vergleichen werden mindestens zwei oder mehrere Objekte bzw. Vorgänge einander gegenübergestellt, um Gemeinsamkeiten und Unterschiede herauszufinden.

Vergleiche einen Regenwurm mit einer Ringelnatter. Ordne die Tiere Tiergruppen zu. Führe weitere Beispiele an.

► Schritt 1

Lege die Objekte fest, die verglichen werden sollen.

Ringelnatter und Regenwurm sollen verglichen werden.

► Schritt 2

Wähle geeignete Merkmale für den Vergleich aus.

- *Gestalt*
- *Fortbewegung*
- *Körperbedeckung*
- *Stützsystem*

► Schritt 3

Führe den Vergleich durch.

Ermittle Gemeinsamkeiten und Unterschiede der Objekte bzw. Vorgänge.

Gemeinsamkeiten	*Regenwurm*	*Ringelnatter*
Gestalt	*langgestreckt, walzenförmig*	
Fortbewegung	*kriechend*	
Unterschiede	*Regenwurm*	*Ringelnatter*
Körperbedeckung	*nackte, schleimige Haut*	*trockene, schuppige Haut*
Stützsystem	*keine Wirbelsäule*	*Wirbelsäule und Knochen*

► Schritt 4

Leite eine weiterführende Erkenntnis (Schlussfolgerung) ab.

(siehe Tabelle unten)

Wirbellose Tiere	*Wirbeltiere*
Regenwurm 	Ringelnatter 
weiteres Beispiel: Schnecke	*weiteres Beispiel: Haushuhn*

Das hast du gelernt

Tiere in der Nachbarschaft

An vielen Stellen in unserer Umgebung kann man Tiere entdecken. Wir unterscheiden:

Wirbellose Tiere

Wirbeltiere

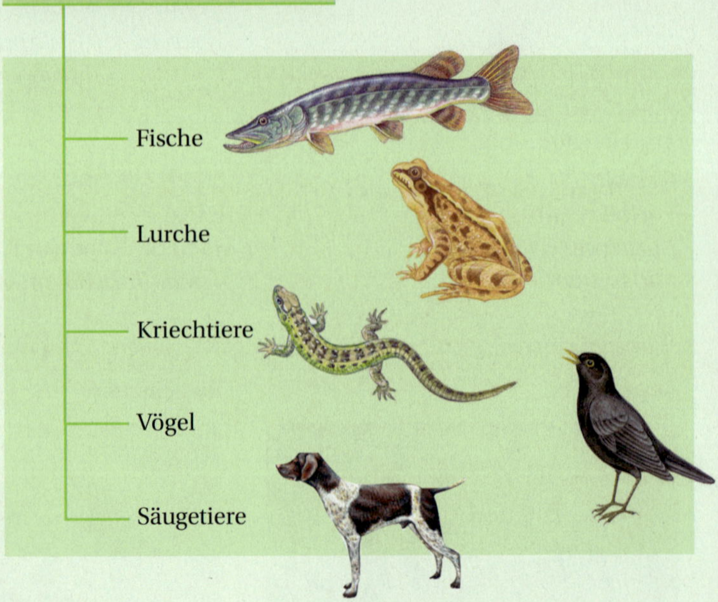

Wirbeltiere besitzen eine Wirbelsäule und ein Knochenskelett, wirbellose Tiere nicht.

Löse mit Köpfchen

1. Ordnung in der Vielfalt

Ordne folgende Tiere den wirbellosen Tieren bzw. den Wirbeltieren zu. Erläutere, warum du dich für diese Zuordnung entschieden hast.

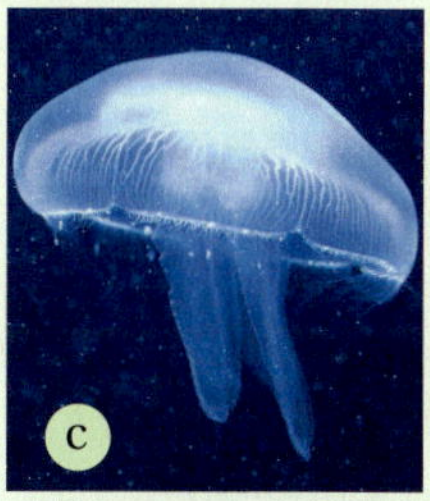

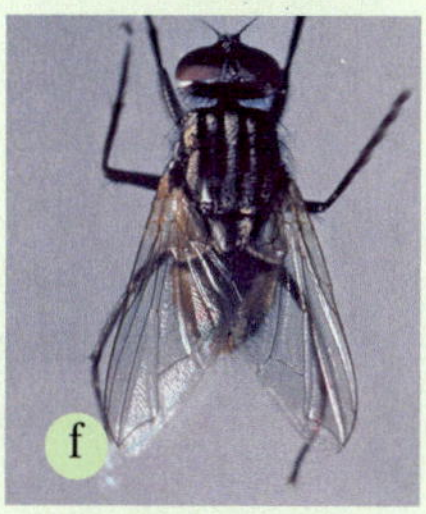

2. Ähnlich und doch verschieden

a) Informiere dich über den Körperbau und die Lebensweise von Wildkaninchen und Feldhasen.

b) Vergleiche ein Kaninchen mit einem Feldhasen. Nutze die gesammelten Informationen aus Aufgabe 2 a). ↗ S. 23

3. Haustiere = Tiere zu Hause?

a) Was bedeutet der Begriff „Haustier“ eigentlich?
Diskutiert in der Gruppe, was Haustiere sind.

b) Tragt Beispiele für Haustiere zusammen, die zu den Wirbeltieren gehören.

c) Ermittelt Haustiere, die zu den wirbellosen Tieren gehören.

d) Fertigt für die genannten Tiere Steckbriefe an.
Teilt euch die Arbeit in der Gruppe auf.

4. Der Mensch ein Wirbeltier?

Streiche deinem Lernpartner bzw. deiner Lernpartnerin über den Rücken.

a) Beschreibe, was du fühlst.

b) Gehört der Mensch zu den Wirbeltieren?
Entscheide dich und begründe deine Antwort. ↗ S. 55

c) Was meinst du, warum das Mädchen auf diesem Ball und nicht auf einem Stuhl sitzt.
Formuliere eine Vermutung.

1 Teste dich selbst

Wähle aus.

1 Um welches Tier handelt es sich? Es hat ein schwarzes Fell, frisst u. a. Regenwürmer und legt im Erdboden mit seinen schaufelförmigen Vorderfüßen Gänge an.

2 Auf der Erde sind derzeit etwa 1,5 Millionen verschiedene Tierarten bekannt. Sie unterscheiden sich in Größe, Gestalt, Form der Gliedmaßen und der Fortbewegungsweise. Um die Vielfalt zu ordnen, nutzt man als Erstes ein anderes Merkmal. Ist das

A der Besitz einer dicken Haut?
B der Besitz einer Wirbelsäule?
C die Art der Ernährung?

3 Der Steinpilz

A ist kein Lebewesen. Steine gehören nicht zur lebenden Natur.
B ist kein Lebewesen, denn es handelt sich weder um eine Pflanze noch um ein Tier.
C ist ein Lebewesen, obwohl es sich weder um eine Pflanze noch um ein Tier handelt.

4 Wirbeltiere werden in verschiedene Gruppen (Klassen) eingeteilt. Es gibt

A 4 Wirbeltierklassen.
B 3 Wirbeltierklassen.
C 5 Wirbeltierklassen.

5 Tiere, die eine Wirbelsäule besitzen, werden in verschiedene Klassen eingeteilt. Welche Wirbeltierklassen gib es?

A Vögel, Hunde, Fische, Rehe, Reptilien
B Fische, Lurche, Kriechtiere, Vögel, Säugetiere
C Pferde, Kühe, Fische, Eidechsen, Vögel

Beantworte ausführlich.

1 Betrachte die Bilder. Erläutere, welches Lebensmerkmal der Pflanzen du ableiten kannst.

2 Wähle ein Lebewesen aus deiner Umgebung aus, das sich für dich leicht beobachten lässt.
  a) Schreibe die Merkmale des Lebens auf.
  b) Zeige auf, dass diese Merkmale auf dein ausgewähltes Lebewesen wirklich zutreffen.
  c) Dokumentiere deine Aussagen mit geeigneten Fotos. Kannst du schon selbst fotografieren? Bitte sonst deine Eltern um Hilfe. Du kannst aber auch Fotos aus Zeitschriften oder aus dem Internet nutzen.

3 a) Ergänze das Schema und ordne folgende Begriffe ein: Tiere, Pilze, Lebewesen, Meerschweinchen, wirbellose Tiere, Fliegenpilz, Pflanzen, Wirbeltiere.

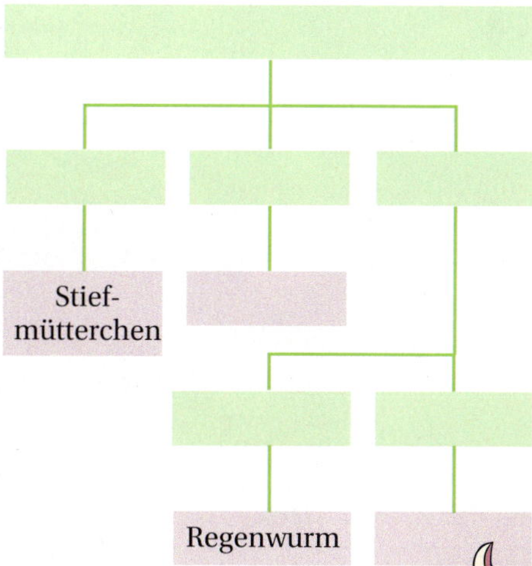

  b) Finde jeweils zwei weitere Beispiele.

2

Säugetiere in unserer Nachbarschaft

1 **Auf dem Bauernhof**
Im Bild siehst du einen Bauernhof. Notiere Tiere, die du erkennen kannst. Schreibe auf, welche Bedeutung diese Tiere für uns haben.

2 **Haustier oder nicht?**
Überlege, welches der abgebildeten Tiere ein Haustier ist und welches nicht.

3 **Heimtiere halten – keine einfache Sache**
Tiere stellen bestimmte Ansprüche an ihre Umwelt.
Beratschlage gemeinsam mit deinen Mitschülern und Freunden, welches Tier sich bei dir wohlfühlen könnte.
Erstelle einen Fragekatalog, was du bei der Anschaffung, Haltung und Pflege dieses Tieres beachten musst.

4 **Exotische Tiere**
Während eines Zoobesuchs kannst du Säugetiere aus anderen Gegenden unserer Erde kennenlernen. Beobachte und beschreibe ein Tier genauer. Sammle aus Büchern weitere Informationen über dieses Tier.

Heimtier, Haustier oder Nutztier?

Die Katze ist ein Heimtier, das Schaf ein Nutztier und beide sind Haustiere – was für ein Durcheinander.

Einige Säugetiere werden seit langer Zeit als Haustiere gehalten und genutzt. Viele Menschen haben *Hunde, Katzen, Meerschweinchen, Hamster* oder *Kaninchen* in ihrer Wohnung. Diese Tiere werden als **Heimtiere** bezeichnet.

Bei der Haltung solcher Tiere solltest du beachten, dass du ihren Lebensansprüchen gerecht wirst. So benötigt ein Hund genügend Auslauf, das richtige Futter und deine Zuwendung.

Andere Säugetiere, z. B. *Pferde, Rinder, Schafe* und *Schweine* sind wichtige **Nutztiere.** Diese Tiere nutzen wir u. a. als Fleischlieferanten und Rohstofflieferanten. Sie werden in Ställen oder im Freiland, auf großen Weideflächen gehalten.

- Nenne den Unterschied zwischen Heimtieren und Nutztieren.

Wir unterscheiden Haustiere nach Heim- und Nutztieren.

- Der Mensch hat den Hund für verschiedene Aufgaben abgerichtet. Schau dir die Abbildungen genau an und beschreibe sie. Finde weitere Beispiele.

Benenne die abgebildeten Tiere. Handelt es sich jeweils um ein Heimtier oder ein Nutztier? Welches Tier gehört nicht zu den Säugetieren?

Aufgaben

1 Interpretiere die Grafik unten. Notiere verwertbare Teile des Schweins und erzeugte Produkte.

2 Schau dich in einem Supermarkt genauer um. Notiere Produkte, die von Nutztieren stammen. Fertige dazu ein Plakat an. ↗ S. 113

3 Sammle Informationen aus Büchern und anderen Medien zur Haltung von zwei Nutztieren.

4 Säugetiere werden vom Menschen als Haustiere gehalten. Stelle in einer Tabelle zusammen, zu welchem Zweck sie gehalten werden.

Tier	Haltungszweck
Hund	Freund Blindenhund ...
...	...
...	...

So kannst du vorgehen

Erklären

Häufig erhältst du komplizierte Aufgabenstellungen:

Das Meerschweinchen zählt zu den beliebtesten Haustieren. Wer sein Haustier liebt, möchte es auch gut behandeln. Doch was für dich gut ist, muss dem Meerschwein noch lange nicht gut bekommen.
Erkläre, warum es nicht gut ist, das Meerschwein mit frischem Brot zu füttern.

▶ Schritt 1

Stelle den Sachverhalt dar, der erklärt werden soll.

Begrenze dich auf wesentliche Punkte. Beantworte die Frage nach dem „Warum?“ und dem „Wie?“

Es soll geklärt werden, warum das Meerschweinchen nicht mit frischem Brot gefüttert werden kann.

▶ Schritt 2

Suche Gesetze und Modelle auf.

Suche Gesetzmäßigkeiten, Gesetze und Modelle, die mit dem Sachverhalt im Zusammenhang stehen.

- *Artgerechte Tierhaltung orientiert sich an natürlichen Lebensbedingungen und Verhaltensweisen der Tiere.*
- *Meerschweinchen sind Pflanzenfresser.*
- *Sie haben Nagezähne, die ein Leben lang wachsen.*

▶ Schritt 3

Führe die Erscheinung auf die Gesetze und Modelle zurück.

Formuliere deine Aussagen zusammenhängend und geordnet. Stelle den Zusammenhang zwischen den Gesetzen und Modellen und dem Sachverhalt dar.

Meerschweinchen gehören zu den Nagetieren und besitzen deshalb ein Nagergebiss. Ihre Schneidezähne wachsen ständig nach. Die Tiere sollten deshalb immer altes Brot (oder anderes hartes Futter) zur Abnutzung der Zähne bekommen.
Meerschweinchen sind Pflanzenfresser. Füttere sie mit Möhren, Salat und Äpfeln, damit sie gesund bleiben. Frisches Brot bekommt ihnen gar nicht.

Wusstest du schon…

Diskussion um die Rinderhaltung

Das Rind ist ein Nutztier. Es dient uns als Nahrungslieferant. Neben der Milch verwenden wir auch das Fleisch. Auf vielen Bauernhöfen werden daher Rinder gehalten. Im Frühjahr treibt der Landwirt die Rinder aus ihren Ställen auf die Weiden (Freiland). Dort können sie ihr angeborenes Bewegungsbedürfnis befriedigen, grasen und sich an schattigen Plätzen ausruhen. Durch den Aufenthalt im Freien entwickeln sie natürliche Abwehrkräfte gegen Krankheitserreger.

Den Winter verbringen die Rinder geschützt im Stall. Auch im Stall müssen die Lebensansprüche der Rinder berücksichtigt werden.
Dazu gehören z. B. ausreichende Bewegungsmöglichkeiten an der Futterkrippe, trockene Liegeplätze, ein sauberer und heller Stall, ausreichend Futter.

Diese Art der Haltung bezeichnen wir als artgerechte Haltung.

Der Fleischverbrauch ist weltweit gestiegen. Deshalb erfolgt die Rinderhaltung auch in landwirtschaftlichen Großbetrieben.
In nicht artgerechter Rinderhaltung verbleiben die Tiere oft im Stall. Sie haben dort wenig Platz. Sie werden mit Kraftfutter ernährt, damit sie schnell ihr Schlachtgewicht erreichen.
Durch diese Art der Haltung sind die Produktionskosten für Fleisch geringer als bei artgerechter Haltung. Allerdings ist die Fleischqualität schlechter. Außerdem wird durch Massentierhaltung die Umwelt belastet.

Es liegt auch an uns als Verbraucher, welche Haltungsform gefördert wird. Ist es uns wichtiger, viel Fleisch möglichst preiswert zu erhalten? Oder legen wir Wert auf Qualität und artgerechte Haltung und nehmen dafür auch höhere Preise in Kauf?

Vom Wolf zum Hund

Nicht nur der Schäferhund, auch der Dackel stammt vom Wolf ab. Das glaubst du nicht? Und doch entdeckst du Gemeinsamkeiten.

Auch wenn der *Dackel* und der *Wolf* sich in Größe, Beinlänge, Fell, Form der Ohren und der Schnauze unterscheiden, ähneln sich die beiden in ihrem Körperbau. Sie besitzen außerdem einen gut ausgeprägten Geruchs- und Gehörsinn und haben beide ein ähnliches Gebiss.

- Kannst du den Wolf jeweils verstehen? Beschreibe sein Verhalten.

Sie verhalten sich auch ähnlich. So machen sie sich durch unterschiedliche Laute verständlich. An den Schwanzbewegungen und an ihrer Mimik kannst du die Stimmung der Tiere ablesen.

Die Körpermerkmale und die Verhaltensweisen haben Hunde von ihren Vorfahren geerbt.

Alle heute lebenden Hunderassen stammen vom *Wolf* ab. Die Wölfe sind sehr anpassungsfähig, leben im Rudel und sind Unterordnungen gewöhnt. Hunde sehen die Familie als ihr „Rudel" an.

Der Hund zählt zu den ältesten Haustieren. Durch Züchtung wurden allmählich viele Merkmale z. B. Größe, Färbung, Behaarung verändert. Heute gibt es etwa 400 Hunderassen.

- Nenne Eigenschaften des Wolfes, die der Mensch zur Züchtung ausgenutzt hat.

Alle heute lebenden Hunderassen stammen vom Wolf ab.

Erkennst du die Hunderassen? Nenne und beschreibe sie. Finde weitere Beispiele.

Aufgaben

1 Beschreibe das Aussehen dieser verschiedenen Katzen. Ermittle einige Rassen. Gib an, welchen Nutzen diese Haustiere für uns haben. Recherchiere, von welcher Wildform die Hauskatzen abstammen. Bereite dazu einen Vortrag vor.

2 Die Europäischen Wildpferde gelten als Vorfahren der heutigen Pferderassen. Erkunde gemeinsame Verhaltensweisen der Wildpferde und der Zuchtpferde. Gib an, auf welche Merkmale bei der Züchtung besonders Wert gelegt wurde.

Säugetiere – eine Bezeichnung mit Bedeutung

Hast du schon einmal darüber nachgedacht, warum Säugetiere so heißen? Dazu fällt dir bestimmt etwas ein.

Tierbabys und besonders Hundewelpen sind niedlich. Wie pflanzen sich Hunde eigentlich fort?

Hunde pflanzen sich geschlechtlich fort. Die Hündin ist zweimal im Jahr paarungsbereit. Das männliche Tier kann diese Zeit am Geruch und am Verhalten der Hündin erkennen.
Bei der Paarung werden die Samenzellen des Männchens in die Scheide des Weibchens abgegeben **(Begattung).** Die Samenzellen wandern bis in den Eileiter. Dort verschmelzen Ei- und Samenzelle miteinander **(Befruchtung).**

- Was bedeuten die Begriffe Begattung und Befruchtung?

Die befruchteten Eizellen nisten sich in der Gebärmutter ein. Aus jeder Eizelle entwickelt sich ein Keimling (Embryo). Sie werden über die Nabelschnur mit Nährstoffen und Sauerstoff versorgt und **entwickeln sich im Mutterleib.**

Hund (männlich)

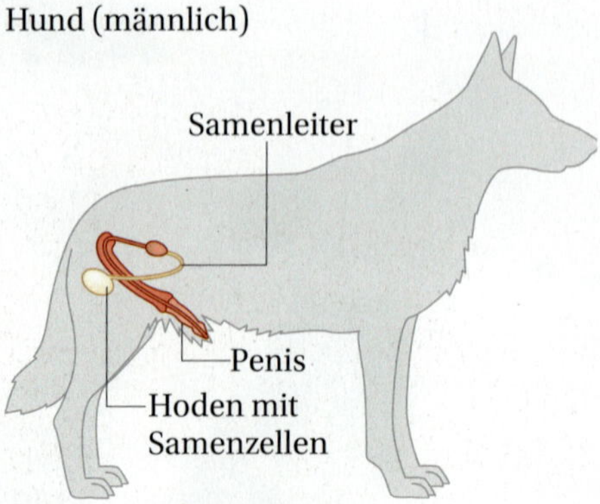

Hund (weiblich)

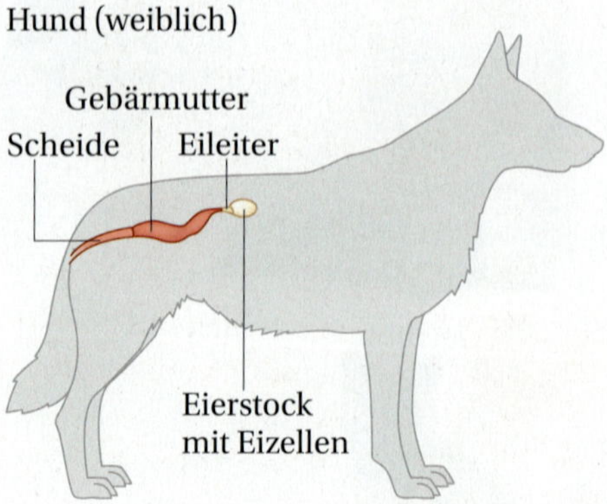

- Lies aus den Zeichnungen ab, welche Geschlechtsorgane weibliche bzw. männliche Säugetiere besitzen.

Nach ca. 63 Tagen erfolgt die **Geburt.** Das Muttertier ernährt die Jungen anschließend.
Dazu besitzt das Weibchen **Milchdrüsen,** in denen Milch gebildet wird. Diese Milch stellt die erste Nahrung für die Welpen dar.
Wir sagen, das Weibchen **säugt** die Jungtiere.

Bei Säugetieren erfolgt die Entwicklung der Jungen im Mutterleib. Nach der Geburt werden sie vom Muttertier gesäugt.

Betrachte das Foto genau. Leite typische Verhaltensweisen der Säugetiere ab.

Aufgaben

1 Hast du selbst Erfahrungen mit der Aufzucht von Säugetieren? Berichte darüber.
2 Erkundigt euch bei einem Züchter über die Zucht von Hunden oder Katzen. Bereitet einen Fragenkatalog vor.

3 Diskutiert in der Gruppe, ob der Mensch auch ein Säugetier ist.
4 Übertrage den Lückentext in deinen Hefter und ergänze ihn. Verwende dazu folgende Wörter: befruchtet, gesäugt, geschlechtlich, paaren, lebend, Verschmelzung, innere Befruchtung.

Männchen und Weibchen... sich. Dabei gelangen die Samenzellen in den weiblichen Körper. Im Eileiter findet die... von Ei- und Samenzelle statt. Die Eizellen werden... . Der Biologe sagt, es erfolgt eine... Säugetiere pflanzen sich... fort. Ihre Jungen werden... geboren und danach....

Nesthocker oder Nestflüchter?

Geburt im Verborgenen
Für die Geburt ihrer Jungen zieht sich die Hündin zurück und sucht einen möglichst sicheren Unterschlupf. Das ist nötig, weil die Welpen unbeholfen und tapsig zur Welt kommen. Die Augen sind noch geschlossen und öffnen sich erst am 10. Tag nach der Geburt. Erst mit 4 bis 6 Wochen können junge Hunde scharf sehen. Daher sind die Jungtiere zunächst hilflos und werden intensiv von der Hündin betreut.

Die Entwicklung der Welpen ist bei der Geburt noch nicht beendet. Wir bezeichnen solche Jungtiere als **Nesthocker.**

Jungtiere, die nach der Geburt noch nicht voll entwickelt sind, heißen Nesthocker.

Wer mit will, muss laufen können
Pferde leben in der Herde. In der Natur bleibt eine Herde selten lange an einem Standort. Die Jungtiere würden nicht überleben, wenn sie unbeholfen auf die Welt kämen.
Junge Pferde (Fohlen) können bereits kurz nach der Geburt laufen, haben ein ausgebildetes Fell und nehmen ihre Umgebung mit offenen Augen wahr. Wir bezeichnen sie als **Nestflüchter.**

- Nenne Unterschiede zwischen Nesthockern und Nestflüchtern.

Jungtiere, die nach der Geburt voll entwickelt sind, heißen Nestflüchter.

Erforsche es

Der *Feldhamster* ist ein Bewohner des Feldes. Er gehört zu den gefährdeten Arten. Informiere dich über die Lebensweise und die Fortpflanzung des Feldhamsters.
Finde heraus, warum der Hamster gefährdet ist.
Stelle die gesammelten Informationen in einem Lernplakat dar.

Aufgaben

1 Wildkaninchen sind bei ihrer Geburt nackt, blind und zahnlos. Deshalb sind sie sehr hilflos. Junge Feldhasen dagegen können bei Gefahr sofort aus ihrem Versteck flüchten. Erläutere an diesen beiden Tierarten die Begriffe Nesthocker und Nestflüchter. Benutze auch die Abbildungen unten.

2 Finde mindestens drei Beispiele für Nesthocker und Nestflüchter unter den Säugetieren.

3 Vergleiche das Aussehen und Verhalten von Welpen und Fohlen. Du kannst dir dazu die Fotos auf der Seite 38 ansehen.
Fertige für den Vergleich eine Tabelle an. Nenne Gemeinsamkeiten und Unterschiede (Augen, Bewegungsfähigkeit, Fell u. a.).
↗ S. 23

4 Rinder sind Nestflüchter. Begründe diese Aussage. ↗ S. 55

Das hast du gelernt

Säugetiere – interessante Begleiter des Menschen

Viele unserer Heim- und Nutztiere gehören zu den Säugetieren.

Unsere Haustiere wurden aus Wildformen gezüchtet.

Hältst du dir ein Haustier, übernimmst du die Verantwortung dafür.

Fortpflanzung bei Säugetieren

Begattung → innere Befruchtung → Entwicklung des Embryos im Mutterleib → Geburt

Wir unterscheiden **Nesthocker** und **Nestflüchter.**

Löse mit Köpfchen

1. Säugetiere als Haustiere

a) Nenne Beispiele für Haustiere, die zu den Säugetieren zählen.
b) Erstelle einen Steckbrief zu einem dieser Tiere. Gehe auch auf das Verhalten des Tiers ein.

2. Säugetiere als Nutztiere

Schweine werden unter unterschiedlichen Bedingungen gehalten.
a) Beschafft euch Informationen zur Stallhaltung und Freilandhaltung von Schweinen.
b) Diskutiert in der Gruppe über Vor- und Nachteile dieser beiden Haltungsformen.
c) Tiere sollen artgerecht gehalten werden. Erläutert diese Aussage.

3. Säugetiere schnell erkannt?

Du kennst Merkmale von Säugetieren.
a) Zähle drei Merkmale auf und erläutere sie an einem Beispiel.
b) Das Schnabeltier gehört zwar zu den Säugetieren, weist aber einen kleinen „Fehler" auf. Informiere dich über dieses spezielle Säugetier. Findest du die Besonderheit?

4. Bist du ein Experte?

Marcus hat an die Ratgeberredaktion der Zeitschrift „Tierfreund" folgenden Brief geschrieben.

Liebe Tierexperten,
ich heiße Marcus und bin 12 Jahre alt. Einen Hund zu haben, ist mein größter Wunsch. Ich lebe mit meinen Eltern und meiner kleinen Schwester in einer großen, hellen Wohnung am Rande einer Stadt. Mein Taschengeld würde ausreichen, um regelmäßig Futter zu kaufen und ich habe auch genug Zeit, um mich häufig mit dem Hund zu beschäftigen. Morgens wenn wir in der Schule sind und meine Eltern auf Arbeit, wäre das Tier allein. Besonders deshalb sind meine Eltern nicht begeistert von meinem Wunsch. Bitte schreibt mir, ob das ein Problem ist. Schön wäre es, wenn ihr mir raten könntet, welche Hunderassen am besten geeignet wären und was wir alles beachten müssten. Vielleicht kann ich mit eurer Hilfe dann auch meine Eltern überzeugen.
Ich bin gespannt auf eure Antwort.

Viele Grüße
Marcus

Was würdest du Marcus raten? Verfasse einen Antwortbrief.

Außen geschützt und innen gestützt

Du streichelst gerne Tiere? Was spürst du, wenn du einem Säugetier über den Rücken streichst?

Natürlich geschützt
Streichelst du einen Hund, eine Katze oder ein Häschen, spürst du die Körperbedeckung der Tiere, ihr **Fell.**
Betrachtest du das Fell mit der Lupe, findest du lange, glatte Haare (Grannenhaare) und weiche kurze Haare (Wollhaare). Die **Grannenhaare** dienen dem Nässeschutz und die **Wollhaare** schützen gegen Kälte.
Im dichten Winterfell sind besonders viele Wollhaare enthalten, im Sommerfell überwiegen die Grannenhaare. Durch den **Fellwechsel** passen sich die Tiere an die Jahreszeiten an.

- Säugetiere haben eine trockene Haut mit Haaren. Ihr Fell besteht aus Grannen- und Wollhaaren.

Leben mit Rückgrat
Streichst du einem Säugetier über den Rücken, kannst du deutlich die Wirbelsäule spüren. Säugetiere gehören zu den **Wirbeltieren.**
Sie besitzen ein Knochenskelett. Der Grundaufbau ist bei allen Säugetieren gleich. Das Skelett besteht aus Schädel, Wirbelsäule, Schulter- und Beckengürtel und dem Gliedmaßenskelett.
Der Grundbau des Skeletts bestimmt auch die äußere Gliederung des Körpers. Bei allen Säugetieren ist er in Kopf, Rumpf, Gliedmaßen und Schwanz unterteilt.

- Säugetiere stimmen in ihrer Körpergliederung und im Grundbau ihres Skeletts überein.

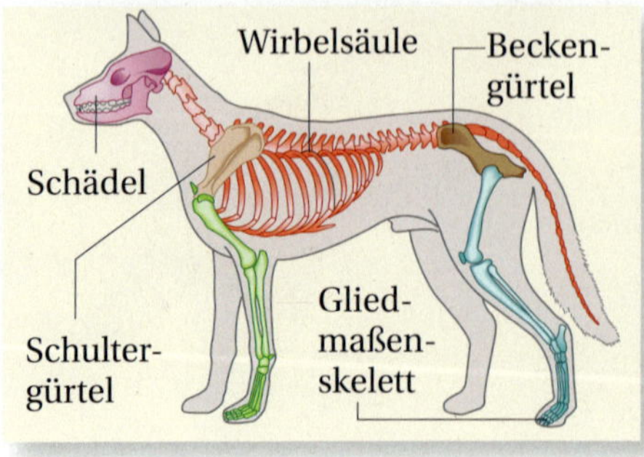

Erforsche es

Der Wärmeisolation auf der Spur

Aufgabe:
Untersuche die Wärmeisolation von Fell.

Materialien :
2 gleich große Gläser, 2 Thermometer, Fell, Heizplatte, Stoppuhr, Wasserkessel, Wasser

Durchführung:
1. Umhülle ein Glas fest mit dem Fellstück. Das zweite Gefäß bleibt als Vergleichsobjekt ohne Umhüllung. Stelle in jedes Glas ein Thermometer.
2. Erhitze Wasser auf 45 °C bis 50 °C.
3. Fülle in beide Gläser vorsichtig ca. 100 ml Wasser ein.

Beobachtung:
Lies nach 5, 10 und 15 Minuten die Temperatur von den Thermometern ab und notiere sie.

Auswertung:
Vergleiche die Temperaturen, die von den zwei Thermometern angezeigt werden. Welche Schlussfolgerungen kannst du ziehen?

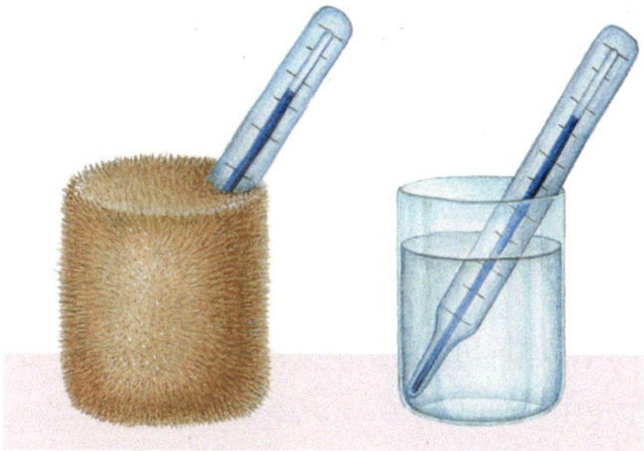

Aufgaben

1 a) Betrachte ein Stück Fell mit einer Lupe. Beschreibe den Aufbau des Fells. ↗ S.13
b) Notiere in einer Tabelle Bau und Funktion der unterschiedlichen Haare.

2 Informiert euch über die Besonderheiten der Körperbedeckung unterschiedlicher Säugetiere: Schaf, Igel, Mensch.
Was stellt ihr fest? Diskutiert eure Ergebnisse in der Gruppe.

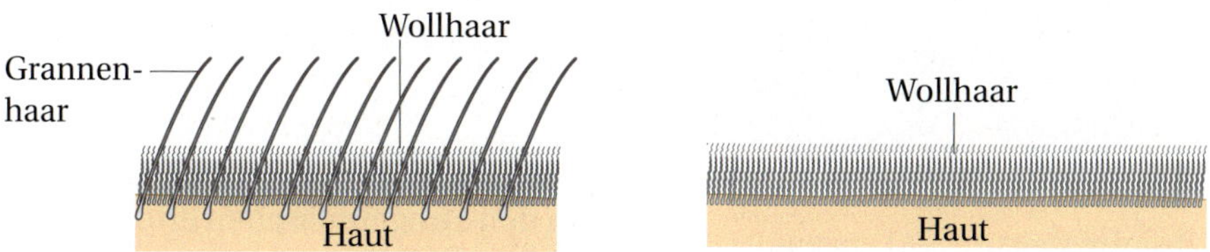

Säugetiere atmen

Wer hält länger durch? Auf alle Fälle atmen alle drei nach dem Lauf schneller.
Was passiert da eigentlich?

Beim Einatmen wird über die Nase und den Mund Luft aufgenommen. Sie enthält den lebensnotwendigen **Sauerstoff.**
Die Luft gelangt in die **Lunge.** Diese besteht aus vielen kleinen **Lungenbläschen.** Jedes Lungenbläschen ist von einem Netz aus Blutgefäßen umsponnen.
Die feine Aufgliederung der Lunge in Lungenbläschen führt zu einer **Vergrößerung der inneren Oberfläche.**

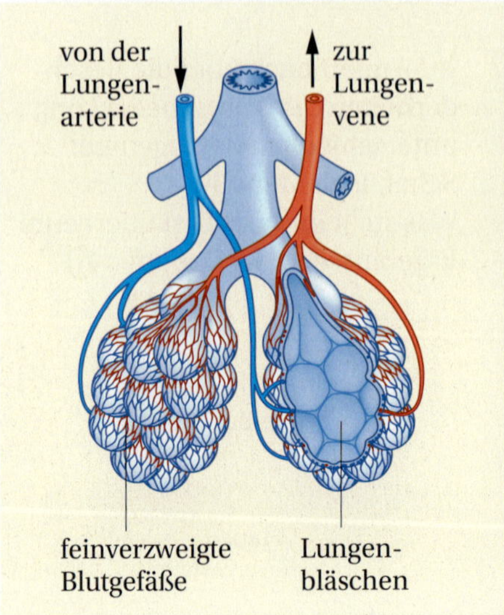

Der Sauerstoff der Luft gelangt von den Lungenbläschen in das Blut.

- Warum ist eine große innere Oberfläche der Lunge nötig?

Der Sauerstoff wird im Körper zur Aufrechterhaltung der Lebensprozesse benötigt.
Dabei entsteht im Körper **Kohlenstoffdioxid.**
Beim Ausatmen gelangt dieses Gas aus dem Blut in die Lungenbläschen. Es wird über die Atemorgane an die Umgebung abgegeben.

Sauerstoff und Kohlenstoffdioxid sind Atemgase. Der **Gasaustausch** findet in den Lungenbläschen statt.
Bei schnellerer Bewegung benötigt der Körper mehr Sauerstoff. Deshalb entsteht auch mehr Kohlenstoffdioxid. Die Atmung beschleunigt sich.

Säugetiere atmen durch Lungen. In den Lungenbläschen erfolgt der Gasaustausch.

Erforsche es

Atmung – selbstverständlich und lebensnotwendig

Aufgabe:
Untersucht die Abhängigkeit eurer Atemfrequenz von der körperlichen Belastung. Arbeitet in Zweiergruppen.

Materialien : Stoppuhr

Durchführung:
1. Zählt bei beiden Teilnehmern die Atemzüge pro Minute in Ruhe. Setzt euch dazu still auf einen Stuhl. Achtet darauf, wie tief ihr einatmet.
2. Macht jeder 20 Kniebeugen. Zählt wiederum die Atemzüge und achtet darauf, wie tief ihr einatmet.

Beobachtung:
Notiert eure Beobachtungsergebnisse in einer Tabelle.

Auswertung:
Vergleicht die Ergebnisse. Formuliert eine zusammenfassende Aussage. Erklärt eure Beobachtungsergebnisse.

Aufgaben

1 Beim Einatmen wird der Sauerstoff der Luft von der Lunge in das Blut aufgenommen.
Wozu dient der Sauerstoff? Finde die entsprechende Textstelle auf der Seite 44.

2 Was bedeuten die Begriffe „Luftröhre“, „Bronchien“, „Lungenflügel“? Informiere dich.

3 Hauche deine Ausatemluft auf einen kalten Spiegel. Beschreibe deine Beobachtung. ↗ S. 13
Welche Ursache vermutest du? Diskutiere deine Vermutung mit deiner Lerngruppe.

Nahrung und Gebiss

Hast du schon einmal einem Hund ins Maul geschaut?

So ein Hundegebiss sieht gefährlich aus. Das ist kein Wunder, denn der Hund ernährt sich hauptsächlich von Fleisch. Das Gebiss ist zum Ergreifen, Töten und Fressen der Beute hervorragend geeignet. Der Hund besitzt ein **Raubtiergebiss.**

Mit den langen dolchartigen **Eckzähnen** hält der Hund das Fleisch fest.
Die gezackten, sehr scharfen **Backenzähne** gleiten wie die beiden Schneiden einer Schere aneinander vorbei. So sind sie in der Lage, große Fleischstücke zu durchtrennen und Knochen zu zerbrechen.

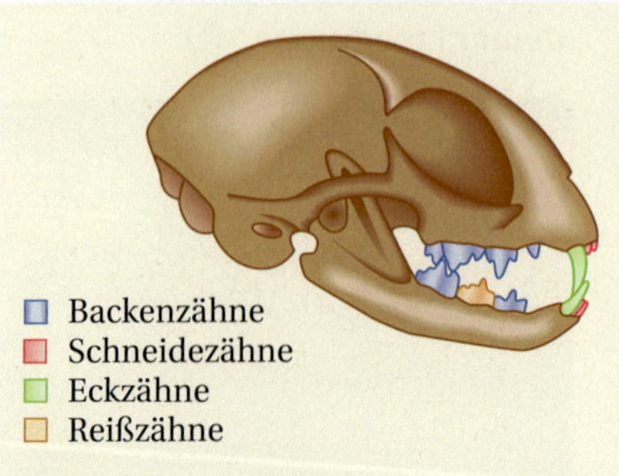

- Finde Säugetiere, die solch ein Raubtiergebiss besitzen.

Die kräftigsten Backenzähne heißen **Reißzähne.** Sie dienen zum Zerreißen der Fleischstücke.
Mit den kleinen meißelförmigen **Schneidezähnen** nagt der Hund die restlichen Fleischreste vom Knochen ab.
Die Nahrungsbrocken werden unzerkaut heruntergeschluckt.

- Gib die Funktionen der unterschiedlichen Zähne in einem Raubtiergebiss an.

> Hunde besitzen ein Raubtiergebiss. Es ist an ihre Ernährung angepasst.

Der Hund ist zwar ein Fleischfresser, zur Vermeidung von Vitaminmangel und zur Anregung der Verdauung müssen Hunde aber auch einen Teil Pflanzenkost fressen.

Andere Säugetiere ernähren sich ganz anders als der Hund. Wir unterscheiden **Fleischfresser, Pflanzenfresser** und **Allesfresser.** Die Art der Ernährung zeigt sich auch im Gebiss.

Aufgaben

1 Untersuche einen Hundeschädel aus der Schulsammlung und vergleiche ihn mit der Abbildung auf der Seite 46 links unten. Finde alle Zahnarten wieder.

2 Übernimm die folgende Tabelle in dein Heft und ergänze sie.

Zahnart	Aufgaben
Reißzähne	
	Festhalten der Beute
Schneidezähne	
	Zerschneiden von Fleischstücken

3 Beobachte einen Hund beim Fressen. Schreibe einen kurzen Bericht zum Fressverhalten des Hundes.

4 Beschreibe den Weg der Nahrung durch den Körper des Hundes. Nutze die Abbildung. ↗ S.13

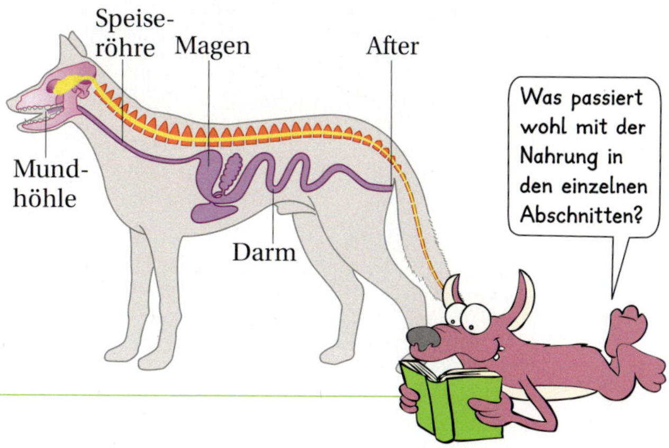

Wusstest du schon…

Verschiedene „Speisepläne" der Säugetiere

Säugetiere ernähren sich sehr unterschiedlich. Sicher kennst du einige Tiere und kannst ihre Nahrung nennen.
Rehe und *Rinder* sind Wiederkäuer und ernähren sich vorwiegend von Kräutern oder Gräsern.
Hamster und *Hausmaus* fressen Körner und Nüsse und zernagen harte Pflanzenteile. Sie sind Nagetiere.
Wiederkäuer und Nagetiere sind Pflanzenfresser.
Marder, Füchse und *Katzen* jagen Beutetiere. Sie gehören zu den Raubtieren.
Der *Igel* und die *Spitzmaus* jagen vorwiegend Insekten und deren Larven. Sie sind Insektenfresser.
Raubtiere und Insektenfresser sind Fleischfresser.

Bären und *Schweine* dagegen sind nicht wählerisch. Sie nehmen sowohl pflanzliche als auch tierische Nahrung zu sich. Dazu gehören Kräuter, Früchte, Körner, Würmer und auch Aas. Sie sind Allesfresser.

Betrachtest du verschiedene Gebisse, stellst du fest: **Der Grundbau ist gleich.** Du findest Schneidezähne, Eckzähne und Backenzähne.
Die Zähne sind jedoch unterschiedlich geformt. Sie sind **an die Art der Nahrung angepasst.** Nach dem Aufbau des Gebisses unterscheiden wir das Allesfresser-, das Raubtier-, das Insektenfresser-, das Wiederkäuer- und das Nagergebiss.

- Finde heraus, wovon sich die Tiere jeweils ernähren und wie ihr Gebiss aussieht.

Nahrung und Gebiss

Raubtiergebiss (Fleischfresser)

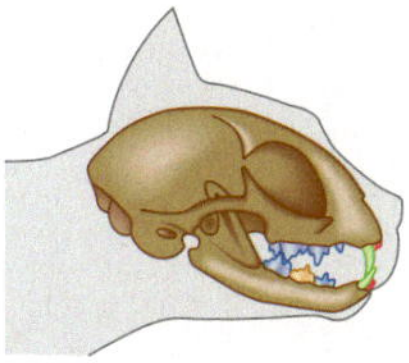

- meißelförmige Schneidezähne und dolchartige Eckzähne – Erfassen und Festhalten der Beute
- scharfe Backenzähne – Zerschneiden der Nahrung

Wiederkäuergebiss (Pflanzenfresser)

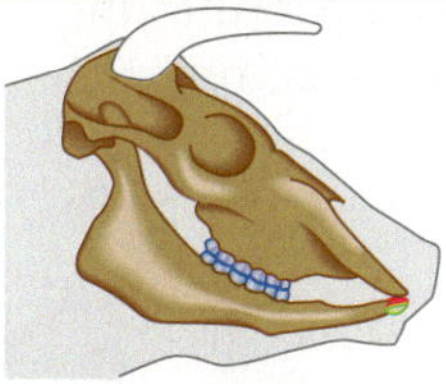

- stumpfe Schneidezähne – Abbeißen der Pflanzen
- breite Backenzähne – Zermahlen der Nahrung

Insektenfressergebiss (Fleischfresser)

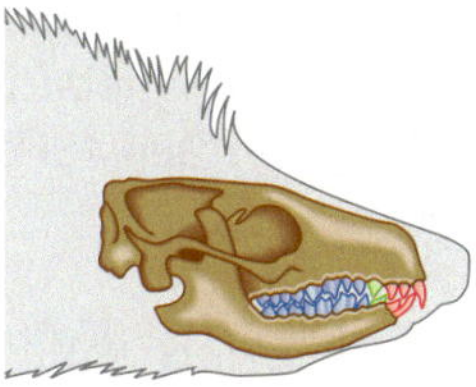

- alle Zähne spitz und scharf – Festhalten der Beute und Aufbrechen der Insektenpanzer

Nagergebiss (Pflanzenfresser)

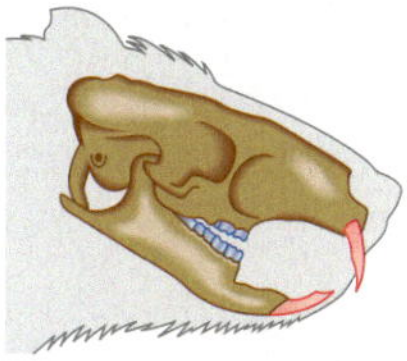

- 2 ständig nachwachsende lange gebogene Schneidezähne – Zernagen der Nahrung
- keine Eckzähne

Allesfressergebiss (Allesfresser)

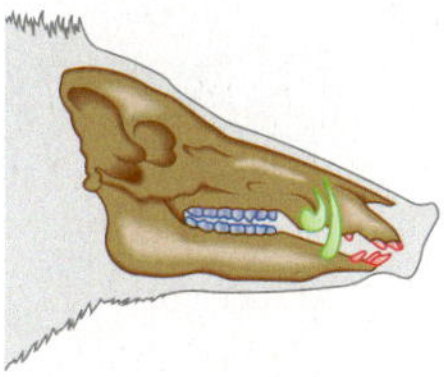

- spitze Eckzähne - Erfassen der Nahrung
- scharfe Schneidezähne – Abschneiden der Nahrung
- breite flache Backenzähne – Zermahlen der Nahrung

- Backenzähne
- Schneidezähne
- Eckzähne
- Reißzähne

Das hast du gelernt

Gemeinsame Merkmale der Säugetiere

Die Körpergliederung und der Grundbau des Skeletts von Säugetieren sind gleich.

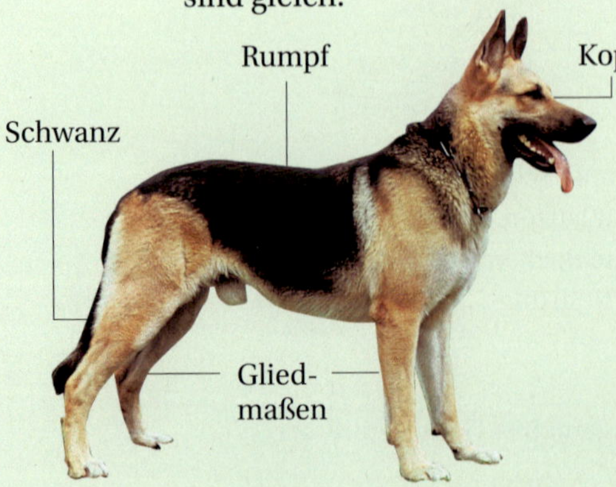

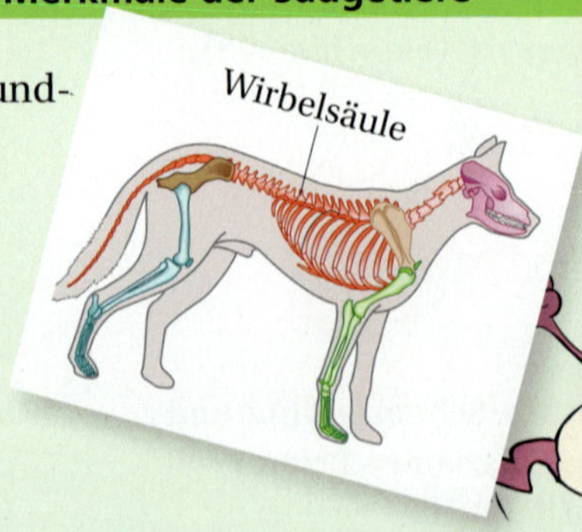

Körperbedeckung
- trockene Haut mit Haaren

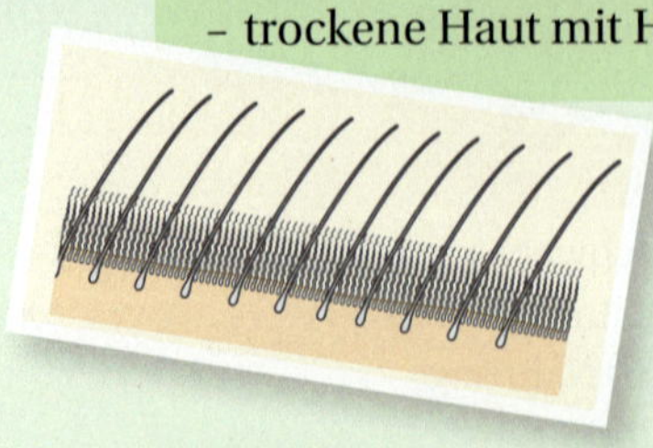

Atmung
- erfolgt mithilfe von Lungen,
- Lungenbläschen vergrößern die innere Oberfläche; Sauerstoff wird aufgenommen, Kohlenstoffdioxid abgegeben.

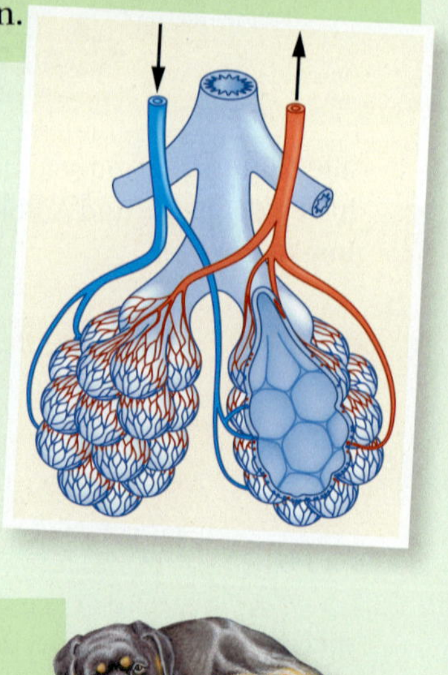

Ernährung
- Ernährungsarten: Pflanzenfresser, Fleischfresser und Allesfresser
- Gebiss - angepasst an die Art der Ernährung

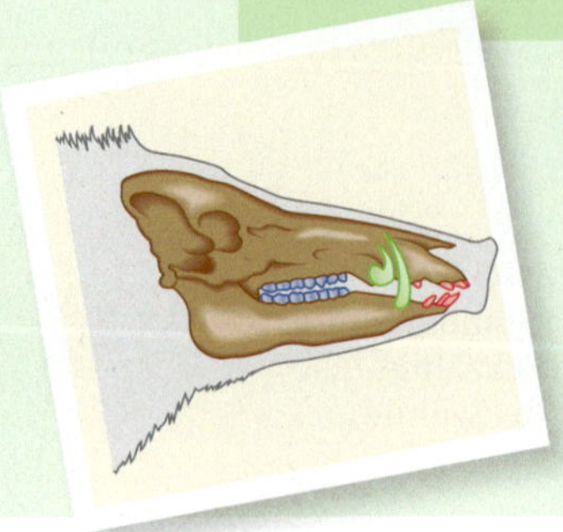

Fortpflanzung
- innere Befruchtung
- Entwicklung des Embryos im Körper des Muttertiers
- Jungtiere werden gesäugt.

Löse mit Köpfchen

1. Die Katze – ein Säugetier?

a) Der Grundaufbau des Skeletts ist bei allen Säugetieren gleich. Übernimm die Ziffern in dein Heft und benenne die Teile des Katzenskeletts.

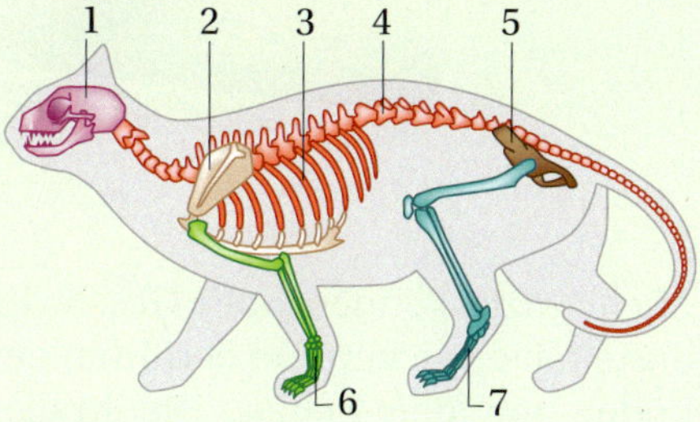

b) Entscheide, ob folgende Aussagen stimmen. Begründe jeweils. Die Katze ist ein Wirbeltier. Die Katze ist ein Säugetier. ↗ S. 55

2. Ernährung und Gebiss

Aufgrund der unterschiedlichen Nahrung unterscheiden wir Fleischfresser, Pflanzenfresser und Allesfresser. Vergleiche entsprechende Gebisstypen. Nenne je zwei Beispiele. Fertige dazu eine Tabelle an.

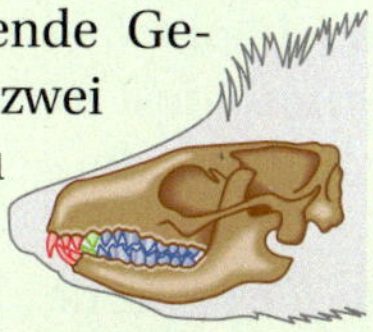

↗ S. 23

3. Das Fell der Nutztiere

a) Beschreibe die Körperbedeckung von Säugetieren. ↗ S. 13

b) Gehe auf Besonderheiten beim Schaf und beim Hausschwein ein. Versuche, eine Erklärung für diese Besonderheiten zu finden.

c) Das Schaf nutzen wir als Wolllieferant. Recherchiere weitere Nutztiere, deren Haare wir ähnlich verwenden.

4. Merkmale der Säugetiere

a) Zähle vier Merkmale der Säugetiere auf.
Wähle dir ein Säugetier als Beispiel aus.
Belege mithilfe der Merkmale, dass es sich bei deinem Beispieltier um ein Säugetier handelt.

b) Entscheide, ob es sich bei den abgebildeten Tieren jeweils um ein Säugetier handelt oder nicht.

Läufer in Aktion – an die Bewegung angepasst

Ein Pferd erreicht eine Geschwindigkeit von 60 km/h, der Mensch nur maximal 30 km/h. Warum sind wir nicht so schnell?

Die meisten Säugetiere leben auf dem Land. Viele von ihnen können schnell laufen, um sich bei Gefahr in Sicherheit zu bringen oder selbst Beute zu jagen.

Das *Pferd* ist ein sogenanntes Fluchttier. Es versucht einer Gefahr zu entkommen, indem es wegläuft. Es ist ein sehr schneller Läufer.
Pferde treten nur mit einer Zehenspitze auf. Diese ist von einem Huf aus festem Horn umhüllt. Die geringe Auftrittsfläche ermöglicht *Pferden* eine große Geschwindigkeit beim Laufen.

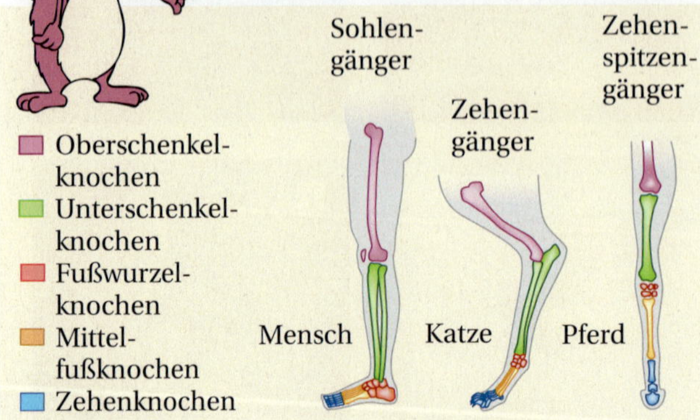

■ Formuliere einen Zusammenhang zwischen der Auftrittsfläche der Füße und der Laufgeschwindigkeit.

Auch *Katzen* können große Geschwindigkeiten erreichen. Sie berühren den Boden mit den Zehen. Die Krallen verhindern das Wegrutschen auf weichem Untergrund. Die Ballen unter den Zehen federn den Körper ab.

Der Mensch ist nicht so schnell. Er tritt zuerst mit der Ferse auf und rollt über den Mittelfuß und die Zehen ab. Das Abrollen kostet Zeit. Allerdings können wir auf zwei Beinen stehen. Das *Eichhörnchen* und der *Bär,* die sich zumindest zeitweise aufrichten, treten auch mit der gesamten Sohle auf.

Der Bau der Beine und der Füße ist an die Art der Fortbewegung angepasst.

Aufgaben

1_ Finde im Text jeweils ein Beispiel für einen Sohlengänger, einen Zehenspitzengänger und einen Zehengänger.

2_ Ermittle mithilfe des Internets weitere Beispiele.

Steckbrief

Das Wildpferd (Przewalskipferd)

Natürlicher Lebensraum:
Graslandschaften, Steppen

Merkmale:
- Kopf-Rumpf-Länge 2,10 m; Schulterhöhe 1,45 m; Gewicht 350 kg
- stämmiger Körper, dicker Hals
- zimtbraunes Fell mit kurzen, glatten Haaren, dunkle Mähne

Anpassungen:
- Beine als Laufbeine, Augen stehen seitlich am Kopf
- schnelle Läufer, treten nur mit Zehenspitzen auf
- guter Geruchssinn – „wittern" ihre Feinde von Weitem
- gutes Gehör
- langer Schwanz (Schweif) – Vertreiben der Insekten

Nahrung:
- Gräser, Sträucher

Fortpflanzung:
- Tragezeit von 11 Monaten
- Nestflüchter

Besonderheit:
- sieht den Urahnen unserer Zuchtpferde sehr ähnlich
- im Freiland vermutlich ausgerottet

Vergleiche die beiden gezüchteten Pferderassen (unten) mit dem Wildpferd (oben).

Spezialisten unter den Säugetieren

Auf einer Wiese entdeckst du oft seltsame Hügel. Wer gräbt denn da? Vor allem wie und warum?

Die Hügel stammen vom *Maulwurf.* Er lebt im lockeren Erdreich von Wiesen und Gärten. Auf der Suche nach Nahrung, z. B. Insektenlarven und Regenwürmern, gräbt er zahlreiche Gänge. Diese sind untereinander verbunden. Beim Bau dieser Gänge schiebt er die Erde auf die Oberfläche. So entstehen die Maulwurfshügel.

Die **Vorderbeine** des *Maulwurfs* sind zum Graben bestens geeignet. Sie sind kurz und breit und sehen aus wie **Grabeschaufeln.** Damit drückt der *Maulwurf* die lockere Erde beiseite. Die Hinterbeinkrallen stemmt er in den Boden, um ein Zurückrutschen des Körpers zu verhindern.

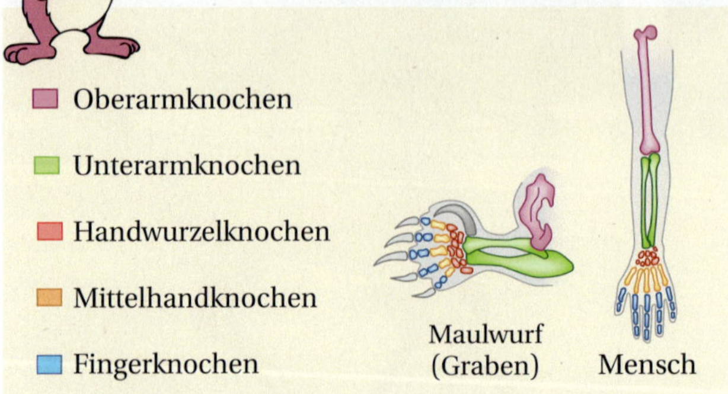

Beschreibe den besonderen Bau der Vorderbeine des Maulwurfs.

Der Körper des *Maulwurfs* ist walzenförmig. Sein Fell besteht aus dichten kurzen Haaren und lässt sich in alle Richtungen streichen. Seine Ohren kann er verschließen. So kann der *Maulwurf* sich gut vorwärts und rückwärts bewegen, ohne dass an seinem Fell Erde hängen bleibt.

Der *Maulwurf* sieht sehr schlecht. Allerdings besitzt er einen ausgeprägten Geruchs- und Tastsinn. So findet er sich im Dunkeln sehr gut zurecht.

Der Maulwurf ist durch seinen besonderen Bau an das Leben im Boden angepasst.

Aufgaben

1. Erkläre, warum es für den Maulwurf günstig ist, dass er die Ohren verschließen kann.
2. Zähle Besonderheiten im Körperbau auf, die dem Maulwurf ein Leben im Boden ermöglichen.

So kannst du vorgehen

Begründen

Im Biologieunterricht wirst du oft aufgefordert, Aussagen zu begründen.

Ein Maulwurf lebt vorwiegend im Erdboden. Er ist an seinen Lebensraum angepasst. Begründe diese Aussage.

Beim Begründen sollst du nachweisen, ob eine Aussage richtig oder falsch ist. Du kannst dabei schrittweise vorgehen.

▶ Schritt 1

Nenne die Aussage, die begründet werden soll.

Der Maulwurf ist an den Lebensraum angepasst.

▶ Schritt 2

Sammle naturwissenschaftliche Argumente.

Dabei geht es sowohl um Argumente, die *für* als auch *gegen* diese Aussage sprechen.

- *Der Körper des Maulwurfs ist walzenförmig. Die Beine sind kurz. Damit passt er gut durch die engen Röhrengänge.*
- *Sein Kopf ist keilförmig. Damit kann er sich gut durch die Erde bohren.*
- *Die Vorderfüße haben die Form einer Schaufel. Damit kann er gut graben.*
- *Das Fell ist samtweich und lässt sich in alle Richtungen streichen wie eine Flaschenbürste. Es ist also sowohl zum Vorwärts- als auch zum Rückwärtslaufen in den Gängen geeignet.*
- *Die Ohren sind verschließbar. Ein guter Schutz vor hineinfallenden Erdkrümeln.*
- *Empfindliche Tasthaare und ein guter Geruchssinn ermöglichen das Auffinden von Beutetieren im Dunkeln.*

▶ Schritt 3

Formuliere die Begründung.

Formuliere deine Begründung zusammenhängend und folgerichtig.

Der Maulwurf ist an eine Lebensweise in engen Erdgängen sehr gut angepasst:
Die Formen von Kopf, Rumpf und Gliedmaßen sowie die Art der Behaarung ermöglichen ihm eine flinke Fortbewegung in den engen Gängen.
Mit seinen schaufelförmigen Vorderfüßen kann er die Gänge ausbauen.
Die Sinnesorgane sind vor Krümeln geschützt und so ausgeprägt, dass der Maulwurf in der Dunkelheit des Erdbodens Nahrung finden kann.

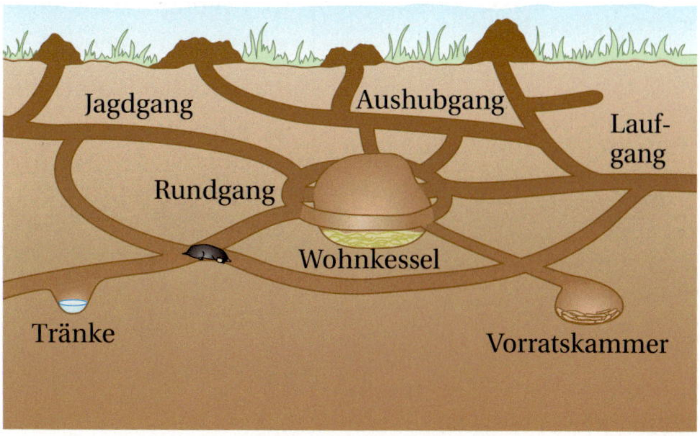

Steckbrief

Das Große Mausohr

Lebensraum:
- offenes Gelände wie Wiesen und Felder
- menschliche Siedlungen

Merkmale:
- Körperlänge 65 – 80 mm; Gewicht 28 – 80 g; Spannweite : 350 – 430 mm
- Färbung: braune Oberseite, hellere Bauchseite
- kurze, breite Schnauze

Anpassungen:
- besonders geformte Vorderbeine
- Flughäute zwischen den Knochen der Vorderbeine, Hinterbeine und Schwanzknochen
- große Ohren

Nahrung:
- flugunfähige Laufkäfer (werden vom Boden aufgelesen)
- Nachtschmetterlinge (werden im Flug gefangen)

Fortpflanzung:
- bringen lebende Junge zur Welt, die gesäugt werden
- Nesthocker (nackt, blind, können nicht fliegen)

Besonderheiten:
- orientieren sich durch Töne („sehen" mit den Ohren)
- Jagdzeit in der Dämmerung, in der Nacht
- verbringen die Ruhezeit kopfüber hängend (Sommerquartiere auf warmen Dachböden und Baumhöhlen, Winterquartiere unterirdisch)

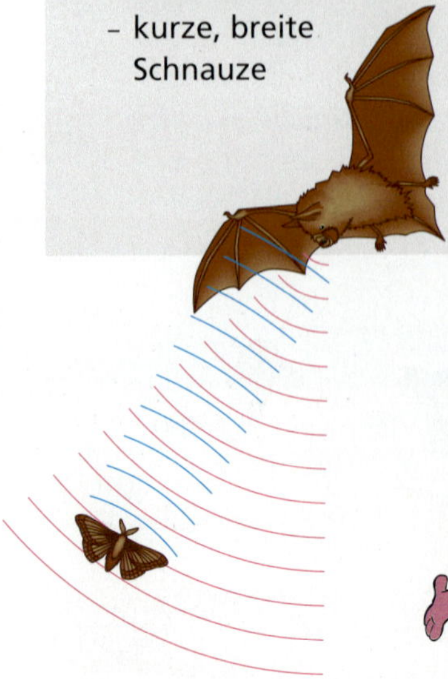

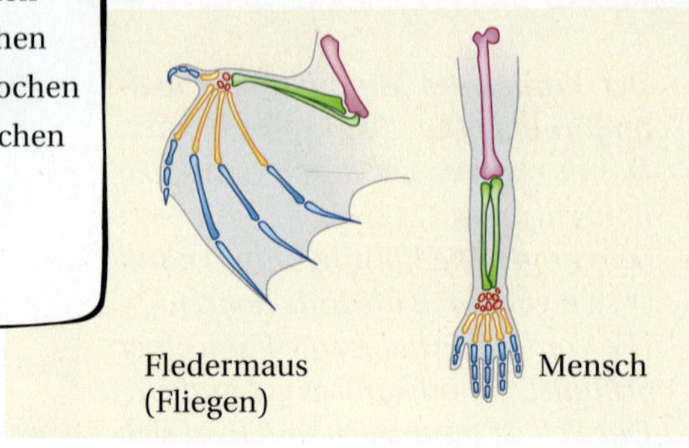

- Erkläre, wie die Fledermaus ihre Beute entdeckt.
- Beschreibe den besonderen Bau der Vorderbeine der Fledermaus.

Steckbrief

Der Große Tümmler

Lebensraum:
- Meer (Atlantischer Ozean, Pazifischer Ozean, Indischer Ozean, Mittelmeer)
- hält sich oft in Küstennähe und Lagunen auf

Merkmale:
- Körperlänge 1,9 bis 3,9 m; Gewicht 150 bis 300 kg
- fischähnliche Körperform
- graue Färbung mit hellem Bauch
- kurze Schnauze

Anpassungen:
- stromlinienförmiger Körper
- besonders geformte Vorderbeine
- glatte, elastische Haut
- dicke Fettschicht

Nahrung:
- Fische, Krebse Tintenfische

Fortpflanzung:
- bringen meist nur ein Junges zur Welt (Tragzeit ca. ein Jahr)
- Das Junge muss für den ersten Atemzug an die Oberfläche gebracht werden (Atmung durch Lungen).
- Das Jungtier wird ca. ein Jahr gesäugt.

Besonderheiten:
- Mehrere Tiere leben zusammen und verständigen sich über Pfeiftöne.
- orientieren sich mithilfe von Tönen (ähnlich wie die Fledermaus)
- schwimmen täglich 60 bis 100 km
- tauchen bis zu 500 m tief

■ Stelle einen Zusammenhang zwischen Nahrung und Gebiss her.

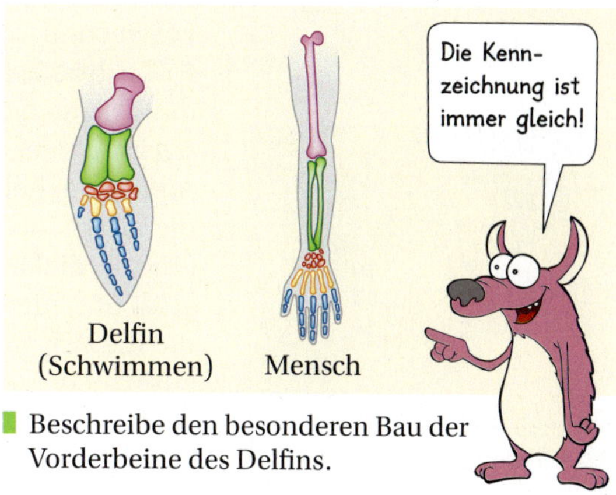

■ Beschreibe den besonderen Bau der Vorderbeine des Delfins.

Leben mit den Jahreszeiten

Spuren im Schnee verraten, wer hier entlanggelaufen ist. Wie überstehen die verschiedenen Säugetiere den Winter?

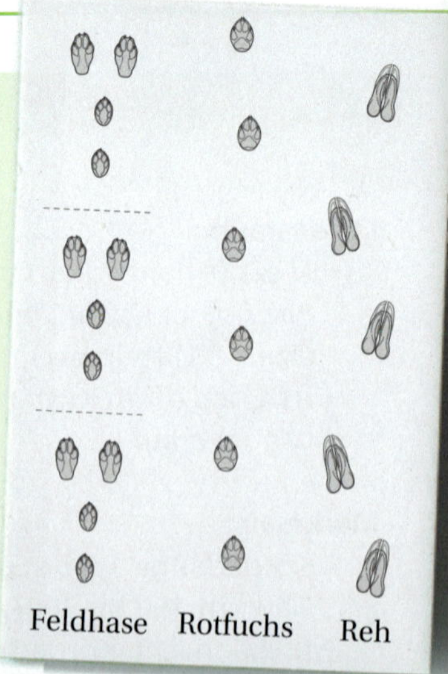

Der Winter ist für viele Säugetiere eine harte Jahreszeit. Sie müssen Kälte und Nahrungsmangel überstehen. Nur gesunde Tiere überleben.
Bei den *Rehen, Hirschen* und *Wildschweinen* versucht der Förster durch sinnvolle Winterfütterung große Verluste zu vermeiden. Aber auch andere Tiere sind **im Winter aktiv,** z. B. *Füchse, Hasen* und *Kaninchen.*

Gegen die Kälte bilden die Tiere bei sinkenden Temperaturen ein **dichtes Winterfell** aus. Einige Tiere verändern mit dem Fellwechsel sogar die Farbe ihres Fells. So ist das Fell des *Schneehasen* im Winter weiß.
Außerdem haben sich die Tiere im Herbst eine **dicke Fettschicht** angefressen, die die Wärmeabgabe zusätzlich verringert und als Nahrungsreserve dient.

Nicht alle Säugetiere sind im Winter aktiv. Das *Eichhörnchen* hält in seinem kugelförmigen Nest **Winterruhe.** Dabei sinkt die Körpertemperatur nur sehr wenig.
Die Fettschicht liefert einen Teil der nötigen Energie. Ab und zu erwacht das *Eichhörnchen* jedoch und frisst von seinen Wintervorräten, die es sich im Herbst angelegt hat.
Der *Dachs* und der *Bär* halten ebenfalls Winterruhe.

Igel, Fledermäuse und *Hamster* halten **Winterschlaf.** Sie finden im Winter wenig oder keine Nahrung. Deshalb fressen sie im Herbst besonders viel. Ihre Fettreserve muss den ganzen Winter ausreichen.
Beim Winterschlaf ist der Stoffwechsel der Tiere herabgesetzt. Alle Körpervorgänge sind verlangsamt, die Körpertemperatur sinkt bis auf 5 °C ab und das Herz schlägt langsamer.
Erst wenn es wieder wärmer wird, erwachen die Winterschläfer.

- Vergleiche Winterschlaf und Winterruhe.

Aufgaben

1 Vergleiche das Sommerfell und das Winterfell eines Hundes oder einer Katze. ↗ S. 23

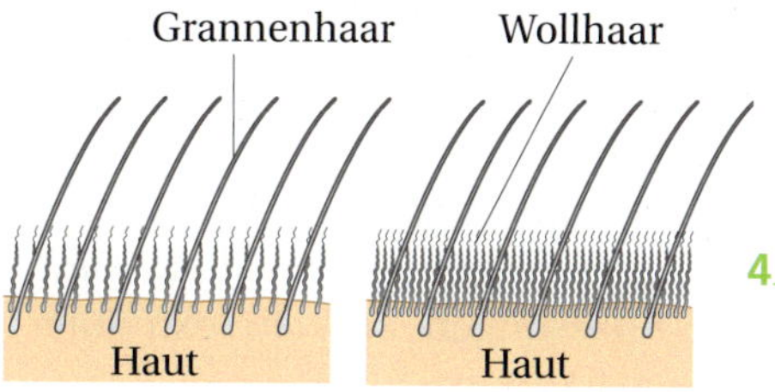

Sommerfell **Winterfell**

2 Begründe folgende Aussage: Das Winterfell ist nur für die Winterzeit geeignet. ↗ S. 55

3 Schau dir die Abbildungen der beiden Hasen auf der Seite 58 noch einmal an. Vermute, welchen Vorteil die unterschiedliche Fellfärbung hat.
Diskutiere deine Vermutung mit deinem Lernpartner oder deiner Lernpartnerin.

4 Ermittle mithilfe der Lehrbuchseite Anpassungen der Tiere an die kalte Jahreszeit.

5 Informiere dich über den Siebenschläfer. Erstelle einen Steckbrief. Versuche, zu den Überschriften in der Abbildung unten jeweils Informationen zu finden.

Steckbrief

Der Siebenschläfer

Lebensraum:

Merkmale:

Anpassungen:

Nahrung:

Fortpflanzung:

Besonderheiten:

Wusstest du schon…

Gelb, rotbraun oder weiß – Füchse in unterschiedlichen Lebensräumen

An seinem spitzen Gesicht, dem rotbraunen Fell und dem buschigen Schwanz erkennst du einen *Rotfuchs* sofort. Er gehört zu unseren heimischen Wildtieren.
Rotfüchse sind dämmerungs- und nachtaktiv. Ihre Sinnesorgane sind an diese Lichtverhältnisse angepasst. Mit ihren scharfen Augen erspähen sie in ihrer Umgebung jede Veränderung und können mit dem gut ausgeprägten Geruchssinn die Witterung ihrer Beutetiere aufnehmen. Mithilfe ihrer beweglichen Ohren fangen sie die leisesten Geräusche auf. Diese sehr gut funktionierenden Sinne sind für den *Rotfuchs* wichtig. Er ist ein Raubtier und fängt vor allem Mäuse, Kaninchen, Hasen und Hühnervögel.

Erläutere, wofür der Fuchs seine feinen Sinne benötigt.

Den *Wüstenfuchs* und den *Polarfuchs,* kannst du auf den ersten Blick vom *Rotfuchs* unterscheiden. Die besonderen Merkmale der beiden Arten sind Anpassungen an den extremen Lebensraum der Tiere.

Der *Wüstenfuchs (Fennek)* lebt in den Wüstengebieten Nordafrikas. Er ist nur 40 cm groß und hat ein weiches, dickes sandfarbenes Fell. Damit ist er einerseits vor der Hitze am Tag und anderseits vor der nächtlichen Kälte geschützt. Gleichzeitig bietet ihm die Fellfarbe eine gute Tarnung.
Seine großen Ohren dienen nicht nur zum Hören. Sie schützen ihn auch vor Überhitzung. Über ihre große Oberfläche gibt der *Wüstenfuchs* überflüssige Wärme ab.

Der *Polarfuchs* lebt in Polargebieten der Arktis. Er ist etwas kleiner als unser heimischer *Rotfuchs* und besitzt in Anpassung an die Kälte auch kleinere Ohren.
Gegen die Kälte schützt ihn sein Fell, das viele Wollhaare enthält. Seine Pfoten sind ebenfalls mit dichtem Pelz bedeckt, sodass er den harten Winter mit Schnee und Eis gut übersteht.
Seine Fellfarbe ist nicht immer gleich. Im Sommer hat der *Polarfuchs* ein braunes Fell und im Winter ist sein Fell schneeweiß. So ist er in seiner Umgebung kaum zu entdecken.

Der Wüstenfuchs *(Fennek)*

Lebensraum:
Wüstengebiete (Nordafrika)

Anpassungen an den Lebensraum:
- weiches dichtes Fell - Schutz vor Kälte (in der Nacht) und vor Hitze (am Tag)
- große Ohren - Schutz vor Überhitzung
- sandfarbenes Fell - Tarnung

Der Rotfuchs

Lebensraum:
Wald, Grasland, Äcker (Europa, Asien, Nordamerika)

Anpassungen an den Lebensraum:
- rotbraunes Fell
- Fellwechsel (Winterfell mit vielen Wollhaaren, Sommerfell mit weniger Wollhaaren) - Anpassung an die Temperaturen im Sommer bzw. Winter

Der Polarfuchs

Lebensraum:
Polargebiete der Arktis

Anpassungen an den Lebensraum:
- dichtes Fell mit vielen Wollhaaren - Kälteschutz
- Pfoten mit dichtem Pelz besetzt - Kälteschutz
- Wechsel der Fellfarbe Sommer/Winter - Tarnung
- kleine Ohren - Kälteschutz

Bedrohte Säugetiere

Kannst du zum Schutz des Igels beitragen?

Erforsche es

Auch ihr könnt zum Schutz einheimischer Säugetiere beitragen.

1. Informiert euch, welche geschützten Säugetiere in eurer Umgebung leben.
2. Sicherlich habt ihr schon einmal einen Igel beobachtet. Da der Igel Winterschlaf hält, könnt ihr eine Winterunterkunft für ihn bauen.
   a) Informiert euch über die Lebensweise eines Igels. Fertigt dazu einen Steckbrief an.
   b) Baut einen Reisighaufen als Unterkunft. Geht dabei nach der Anleitung auf den Abbildungen vor.

Tiere brauchen Lebensraum

Säugetiere sind gut an ihre Lebensräume angepasst. Sie benötigen dadurch aber auch genau diese Lebensräume zum Überleben.
Werden ihre Lebensräume zerstört, z. B. durch den Bau von Straßen, durch die Trockenlegung von Sümpfen und Gewässern oder durch das Abholzen von Wäldern, dann sind viele Tiere vom Aussterben bedroht.
Solche gefährdeten Tierarten sind z. B. *Wildkatze, Biber, Fledermaus* und *Igel.* Diese Arten überleben nur dann, wenn sie geeignete Lebensräume finden.

Der beste Schutz für Tiere ist die Erhaltung ihrer natürlichen Lebensräume.

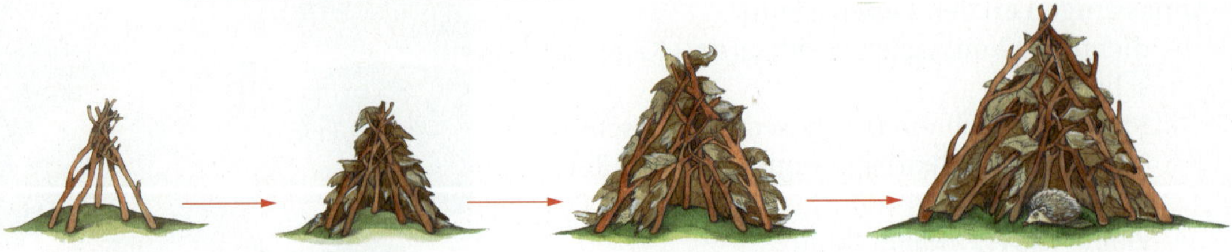

Wusstest du schon...

Natur- und Umweltschutz in Sachsen-Anhalt

In Deutschland und auch in Sachsen-Anhalt wurden wichtige Lebensräume unter Schutz gestellt, um bedrohte Tier- und Pflanzenarten zu erhalten.

Als besonders wirksam haben sich **Großschutzgebiete** erwiesen. Sie haben mindestens eine Größe von 10 km^2. Diese Gebiete wurden u.a. wegen der dort lebenden Tiere und Pflanzen ausgewählt. Durch die Schönheit der Landschaft haben sie jedoch auch große Bedeutung als Erholungsgebiete.
Wir unterscheiden Naturparke, Nationalparke und Biosphärenreservate.

Die **Naturparke** bestehen hauptsächlich aus Landschaftsschutzgebieten (LSG) und Naturschutzgebieten (NSG). In Landschafts- und Naturschutzgebieten dürfen die Menschen keine Änderungen vornehmen.
In einem **Nationalpark** dürfen regulierende Eingriffe erfolgen.
Biosphärenreservate sind großflächiger. Sie umfassen Gebiete mit unterschiedlichem Schutzstatus. In ihren Kerngebieten dürfen ebenfalls keine Eingriffe erfolgen.

Wichtige Großschutzgebiete in Sachsen-Anhalt sind u.a.:

- *Biosphärenreservat Mittelelbe und Biosphärenreservat Karstlandschaft Südharz,*
- *Nationalpark Harz,*
- *Naturpark Drömling (Abb.), Naturpark Saale-Unstrut-Triasland, Naturpark Dübener Heide, Naturpark Unteres Saaletal.*

Das hast du gelernt

Leben in unterschiedlichen Lebensräumen

Säugetiere leben an Land, in der Luft und im Wasser. Ihr Körperbau ist an die Art ihrer Bewegungen und an die Besonderheiten des Lebensraums angepasst.

Fliegen in der Luft
- besonders geformte Vorderbeine
- Flughäute zwischen den Knochen der Vorderbeine, Hinterbeine und Schwanzknochen

Schwimmen im Wasser
- stromlinienförmiger Körper
- Vorderbeine zu Flossen umgebildet
- dicke Fettschicht
- glatte, elastische Haut

Graben im Boden
- walzenförmiger Körper
- Vorderbeine zu Grabeschaufeln umgebildet
- Geruchssinn und Tastsinn gut entwickelt

Überleben in der kalten Jahreszeit

Säugetiere bilden ein Winterfell aus, fressen sich eine Fettschicht an und legen Vorräte an. Einige schränken ihren Nahrungsbedarf durch Winterruhe oder Winterschlaf ein.

Aktive Überwinterung
Beispiel: Fuchs

Winterruhe
Beispiel: Eichhörnchen

Winterschlaf
Beispiel: Igel

Löse mit Köpfchen

1. Säugetiere als Weltenbummler
Säugetiere haben fast alle Gebiete der Erde besiedelt und sind an ihre Lebensräume angepasst. Begründe diese Aussage ausführlich. ↗ S. 55

2. Zum Laufen geeignet
Schneide Papierstreifen zurecht, bemale sie und knicke sie so, dass Modelle verschiedener Beinskelette entstehen. Finde jeweils Beispiele. ↗ S. 72

a) Vergleiche den Bau der drei dargestellten Beinskelette. Lege dazu eine Tabelle an und trage Gemeinsamkeiten und Unterschiede ein. ↗ S. 23
b) Formuliere einen zusammenfassenden Satz über den Zusammenhang zwischen dem Bau und der Funktion.

3. Verschiedene Strategien
Säugetiere überwintern auf unterschiedliche Art und Weise.
a) Welche Tiere überwintern aktiv, welche halten Winterschlaf und welche Winterruhe? Ordne zu.

b) Wiederhole den Unterschied zwischen Winterruhe und Winterschlaf.

4. Naturschutz geht alle an
Die Umwelt wurde immer mehr den Bedürfnissen der Menschen entsprechend umgestaltet und angepasst. Dadurch sind die natürlichen Lebensräume vieler Säugetiere eingeengt oder zerstört worden.
a) Nennt vom Aussterben bedrohte Säugetiere.
b) Diskutiert in der Gruppe, welche Eingriffe zur Gefährdung führten und welche Möglichkeiten ihr habt, um selbst aktiv zum Schutz beizutragen.
c) In einem Naturschutzgebiet gelten für den Menschen bestimmte Verhaltensregeln. Erstellt ein Informationsblatt zu diesen Regeln.

2 Teste dich selbst

Wähle aus.

1 Säugetiere heißen Säugetiere, weil
- A Wissenschaftler sich nur auf diese Bezeichnung einigen konnten.
- B die Bezeichnung sich zufällig ergeben hat.
- C sie ihre Jungen säugen.

2 Kennzeichnende Merkmale der Klasse der Säugetiere sind:
- A Haut mit Haaren, äußere Befruchtung, Markknochen.
- B Haut mit Haaren, innere Befruchtung, Eier legend.
- C Haut mit Haaren, gebären lebende Junge, atmen durch Lungen.

3 Alle bekannten Säugetiere leben auf dem Festland.
- A Richtig. Immerhin kennt jeder die großen Tierherden Afrikas.
- B Falsch. Es gibt ja auch Wale, die im Wasser leben.
- C Richtig. Jedenfalls atmen Säugetiere durch Lungen. Das geht nur an Land.

4 Der Delfin ist an seinen Lebensraum besonders gut angepasst, weil
- A er einen stromlinienförmigen Körper besitzt. und seine Vorderbeine zu Flossen umgebildet sind.
- B er durch Lungen atmet.
- C er eine glatte, elastische Haut besitzt.

5 Pia hat einen Goldhamster. Sie füttert ihn regelmäßig mit Salat, Obst und vielen weichen Lebensmitteln. Mit einem Mal hat er Probleme mit seinen Schneidezähnen. Sie wachsen fast aus seinem Maul heraus. Woran liegt das?
- A Pia hat vergessen, dass der Hamster ein Insektenfresser ist.
- B Pia hat vergessen, dass der Hamster ein Nagetier ist.
- C Pia muss dem Futter Körner, Mohrrüben und andere harte Nahrung zugeben.

6 Menschen halten Tiere. Dabei sollte auf eine artgerechte Tierhaltung geachtet werden. Welche der folgenden Aussagen ist richtig?
- A Artgerechte Tierhaltung ist die Haltungsform, die der natürlichen Lebensweise am meisten ähnelt.
- B Artgerechte Tierhaltung ist die Haltungsform, in der die Tiere am besten überwacht werden können.
- C Artgerechte Tierhaltung ist die Haltungsform, in der die Tiere z. B. so gefüttert werden, dass sie schnell schlachtreif werden.

Beantworte ausführlich.

1 Die Gruppe der Säugetiere umfasst eine Vielzahl verschiedener Arten. Obwohl sie unterschiedliche Lebensräume besiedeln, besitzen sie eine Reihe gemeinsamer Merkmale.
a) Schau dir die Abbildungen genau an. Finde mithilfe der Abbildungen solche gemeinsamen Merkmale.

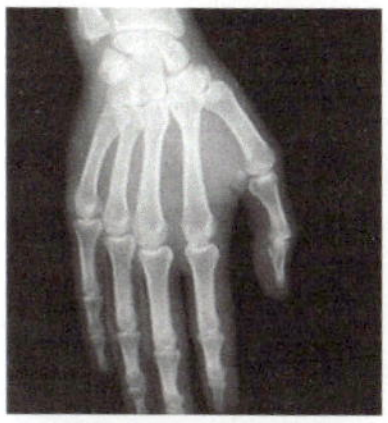

b) Schreibe mithilfe der Bilder einen Informationstext über die gemeinsamen Merkmale aller Säugetiere.

2 Robben, Eichhörnchen, Hunde und Rehe sind Wirbeltiere und gehören zu den Säugetieren. Der Mensch gehört ebenfalls zu den Säugetieren.
Begründe diese Aussage. Nutze dazu auch deine Ergebnisse aus Aufgabe 1a).

3 Viele Säugetiere wechseln häufig beim Übergang vom Sommer zum Winter ihr Fell. Bei einigen ist dabei eine verblüffende Änderung zu entdecken.
a) Beschreibe, wie sich das Fell des Hermelins in Abhängigkeit von der Jahreszeit ändert.

b) Stelle in einer Tabelle Gemeinsamkeiten und Unterschiede vom Sommer- und Winterfell gegenüber.
c) Erkläre jeweils die Angepasstheit des Fells an die unterschiedlichen Jahreszeiten.

4 Entscheide, ob folgende Aussagen richtig oder falsch sind. Begründe deine Entscheidung jeweils. Berichtige falsche Aussagen.
a) Wale leben im Wasser, sie sind die größten Fische.
b) Fledermäuse sind nachtaktive Tiere, sie gehören zur Gruppe der Vögel und ernähren sich von Mäusen.
c) Alle Säugetiere haben eine trockene Haut mit Schuppen.
d) Die Befruchtung findet bei den Säugetieren im Inneren des Körpers statt.

3 Die Vielfalt der Wirbeltiere

1 **Was wirbelt denn da?**
Versuche, die abgebildeten Lebewesen Gruppen zuzuordnen. Welche Möglichkeiten der Zuordnung fallen dir ein?

2 **Tauche ab in die Welt der Fische.**
Teste mit deiner Banknachbarin oder deinem Banknachbarn, wer von euch die Luft länger anhalten kann. Überlegt, warum ein Fisch im Wasser nicht erstickt.

3 **Klettere langsam an Land.**
Die Haut der Schlange ist trocken, die der Erdkröte feucht und schleimig. Überlege, woran dies liegen könnte. Notiere dein Ergebnis.

4 **Flitze über den Boden.**
Vielleicht hast du im Sommer schon einmal ein Tier gesehen, das an der Wand zu kleben schien. Überlege dir Gründe für ein solches Verhalten.

5 **Erhebe dich hoch in die Luft.**
Jeder hat schon einmal einen Vogel gesehen, vielleicht sogar gefüttert. Erstelle einen Steckbrief deines Lieblingsvogels.

Schwimmen wie ein Fisch?

Der Hecht schießt pfeilschnell mit kräftigem Schwanzschlag nach vorn.
Probiere verschiedene Schwimmstile aus.
Was stellst du fest?

Der Körper eines Fisches ist besser zum Schwimmen geeignet als der eines Menschen.

Viele Fische haben einen langgestreckten, seitlich abgeflachten Körper. Er ist zu den Enden hin etwas zugespitzt. Diese Form nennt man **stromlinienförmig** oder spindelförmig.

> Die meisten Fische besitzen einen stromlinienförmigen Körper.

Der Fisch hat mehrere verschiedene **Flossen.** Wenn du einen Fisch im Aquarium beobachtest, wirst du feststellen, dass er nie alle Flossen gleichzeitig benutzt. Jede Flossenart hat eine andere Aufgabe.

Flossenart	Anzahl	Aufgabe
Schwanzflosse	1	Hauptantrieb
Rückenflosse und Afterflosse	jeweils 1	Gleichgewicht, Stabilisierung
Bauchflosse und Brustflosse	jeweils 2	Steuern, Bremsen, Rückwärtsschwimmen

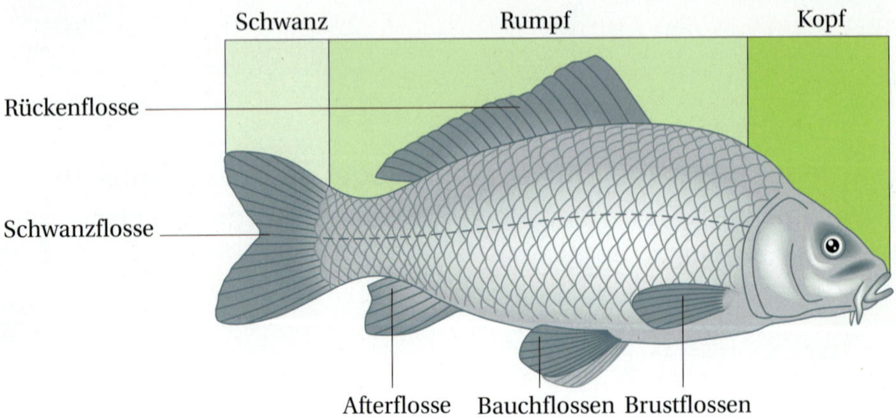

Erforsche es

Körperform im Test

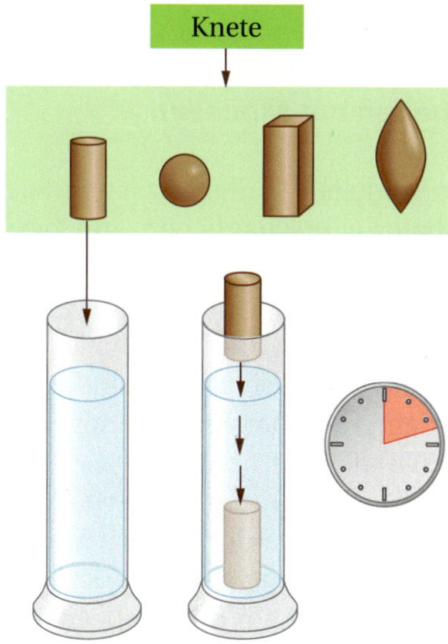

Aufgabe:
Finde heraus, welcher Körper am schnellsten im Wasser absinkt.

Vorbereitung:
Geräte und Materialien: Knete, Wasser, hoher Messzylinder, Stoppuhr

Durchführung:
1. Forme aus gleich großen Knetestücken vier verschiedene Körper (Zylinder, Kugel, Quader und Spindel)
2. Lass nacheinander die Körper in den wassergefüllten Zylinder sinken.
3. Miss die Zeit, die der Körper braucht, um auf den Boden zu gelangen.

Beobachtung und Auswertung:
Notiere die Zeiten in einer Tabelle und finde eine Erklärung für deine Werte.

Aufgaben

1 Finde Beispiele für stromlinienförmige Körper in der Natur und in der Technik.
2 Ordne in schnelle und langsame Schwimmer: Karausche, Hecht, Blauhai, Karpfen, Rotfeder, Zander.
Schau dir dazu jeweils die Körperform an.
3 Erläutere die beiden unteren Abbildungen.

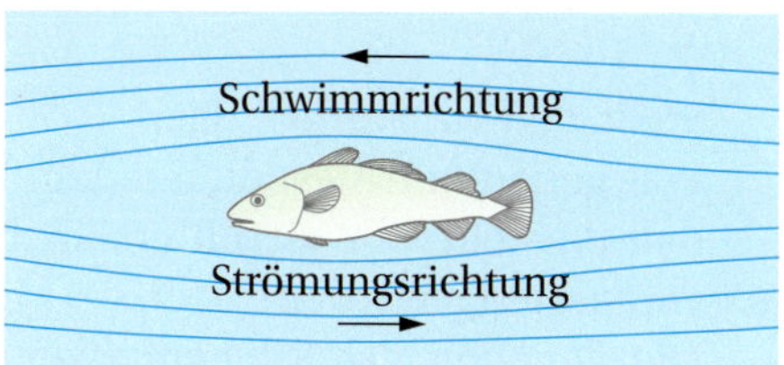

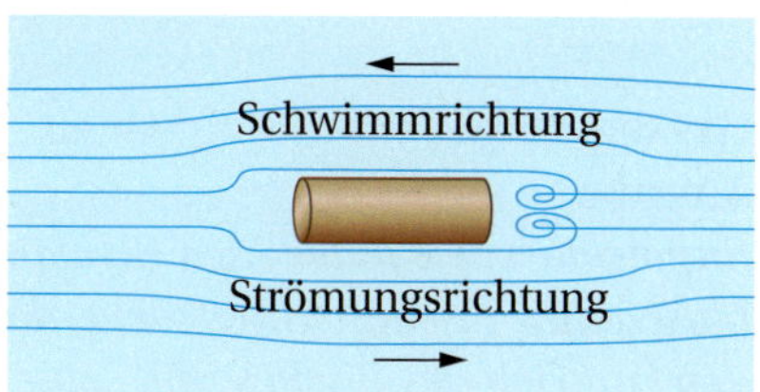

So kannst du vorgehen

Arbeiten mit Modellen

Mit Modellen kannst du einen Sachverhalt veranschaulichen, ihn besser erklären oder voraussagen.

Modelle bilden die Wirklichkeit immer nur teilweise ab: Sie sind oft ein verkleinertes oder vergrößertes Abbild der Wirklichkeit.
Zur besseren Anschaulichkeit werden andere Farben oder andere Materialien verwendet usw.
Du musst deshalb die **Grenzen eines Modells** kennen und sie beachten.

Im Biologieunterricht wirst du nicht nur mit fertigen Modellen arbeiten, sondern auch selbst Modelle entwickeln. Für das folgende Problem eignet sich die Methode besonders gut.

Vielleicht hast du einmal Gelegenheit, beim Ausnehmen eines Fisches zuzusehen. Dir fällt bestimmt die Schwimmblase des Fisches auf. Sie ermöglicht dem Fisch, im Wasser zu schweben oder die Wassertiefe zu wechseln. Diese Funktion kannst du mit einem Modell veranschaulichen und erklären.

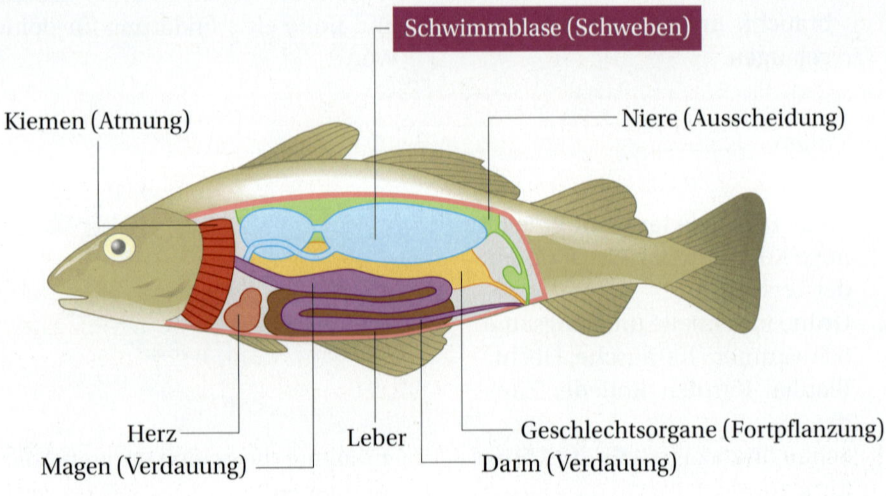

► Schritt 1

Lies die Aufgabenstellung genau.
Aufgabe:
Entwickle ein Modell der Schwimmblase eines Fisches. Untersuche damit den Auftrieb des Fisches und seine Fähigkeit, im Wasser zu schweben.

► Schritt 2

Stelle den Sachverhalt dar.
Was genau möchtest du mit dem Modell darstellen? Was soll erklärt bzw. vorausgesagt werden?
Die Funktion der Schwimmblase soll veranschaulicht und erklärt werden.

► Schritt 3

Wähle das Modell aus und wende es auf den Sachverhalt an.

Beschreibe das Modell und zeige den Zusammenhang zwischen Modell und Aufgabenstellung auf.

Als Modell eignet sich eine mit Luft gefüllte Blase (z. B. ein Luftballon), die in einem Fischmodell oder in einer Flasche befüllt wird.
Der Luftballon entspricht in diesem Modell der Schwimmblase eines Fisches.

► Schritt 4

Konstruiere das Modell.

Wähle geeignetes Material aus.
Material: Aquarium, Wasser, Trinkhalm, Flasche, Luftballon, Faden, Klebeband.

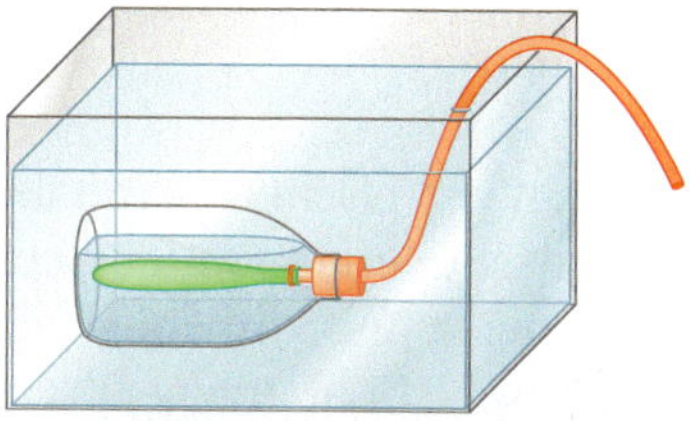

► Schritt 5

Wende das Modell an.

Mithilfe des Modells kannst du nun den Sachverhalt erklären oder eine Voraussage ableiten.

Du zeigst, was passiert, wenn du den Luftballon mithilfe des Trinkhalms aufbläst bzw. wieder Luft ablässt, und überträgst die Beobachtungen auf den Fisch mit seiner Schwimmblase:
Durch die mit Luft gefüllte Schwimmblase kann der Fisch im Wasser schweben. Der Fisch kann durch eine unterschiedliche Luftbefüllung der Schwimmblase seinen Auftrieb aktiv beeinflussen.

► Schritt 6

Bestimme die Grenzen des Modells.

Was kann das Modell nicht erklären?
Wie wird die Schwimmblase jeweils mit Luft gefüllt bzw. wie wird die Luft wieder abgelassen?

Eine Haut voller Schuppen

Betrachte einen Fisch im Aquarium genauer. Zeichne seine Körperoberfläche.

Wenn du einen Fisch mit den Händen fangen willst, entwischt er dir immer wieder. Das liegt an der dünnen **Schleimschicht,** die den gesamten Fischkörper überzieht.

Außerdem ist der Körper der meisten Fische von **Schuppen** bedeckt. Sie sind wie Dachziegel angeordnet. Schuppen sind zarte dünne Knochenplättchen. Schuppen verschiedener Fische kannst du an Unterschieden in Größe, Form und Färbung erkennen.

Sie schützen den Körper des Fischs vor äußeren Einflüssen.

Die Schleimschicht und die Anordnung der Schuppen mindern zudem den Wasserwiderstand. So können Fische im Wasser schneller vorankommen.

Das ungefähre Alter eines Fisches lässt sich an den Jahresringen seiner Schuppen abzählen.

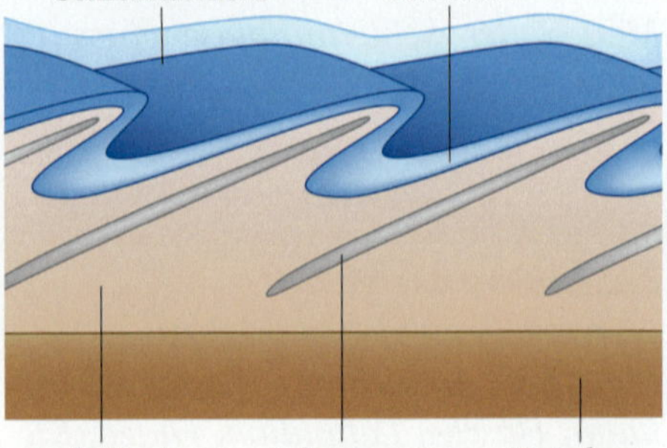

Erläutere, wozu die Schleimschicht und die Schuppen dienen.

> Die Haut von Fischen ist mit dachziegelartig überlappenden Schuppen bedeckt und von einer feinen Schleimschicht überzogen.

Die Haut der Fische dient nicht nur dem Schutz.

Wenn du einen Fisch genau betrachtest, erkennst du an beiden Körperseiten eine zarte Linie. Dies ist das sogenannte **Seitenlinienorgan.** Der Fisch benötigt es, um Änderungen der Strömung und die Druckwellen des Wassers wahrzunehmen. So kann er sich im Wasser orientieren.

Erforsche es

Anlegen eines Fischhefters

1. Gestalte ein Deckblatt. (Tipp: Vergiss deinen Namen und deine Klasse nicht.)
2. Überlege dir, welche Fischarten du beschreiben möchtest.
3. Nutze Bibliotheken und das Internet für deine Recherchen.
4. Beschaffe dir farbige Bilder der Fische und klebe sie jeweils sauber einzeln auf ein DIN-A4-Blatt.
5. Beschreibe jede Fischart. Du kannst nach folgender Gliederung vorgehen:
   - Lebensraum
   - Merkmale (Körperform, Farbe, Größe, Auffälligkeiten,...)
   - Lebensweise (Ernährung, Feinde, Tarnung, Fortpflanzung,...)
6. Hefte alle Blätter unter das Deckblatt.

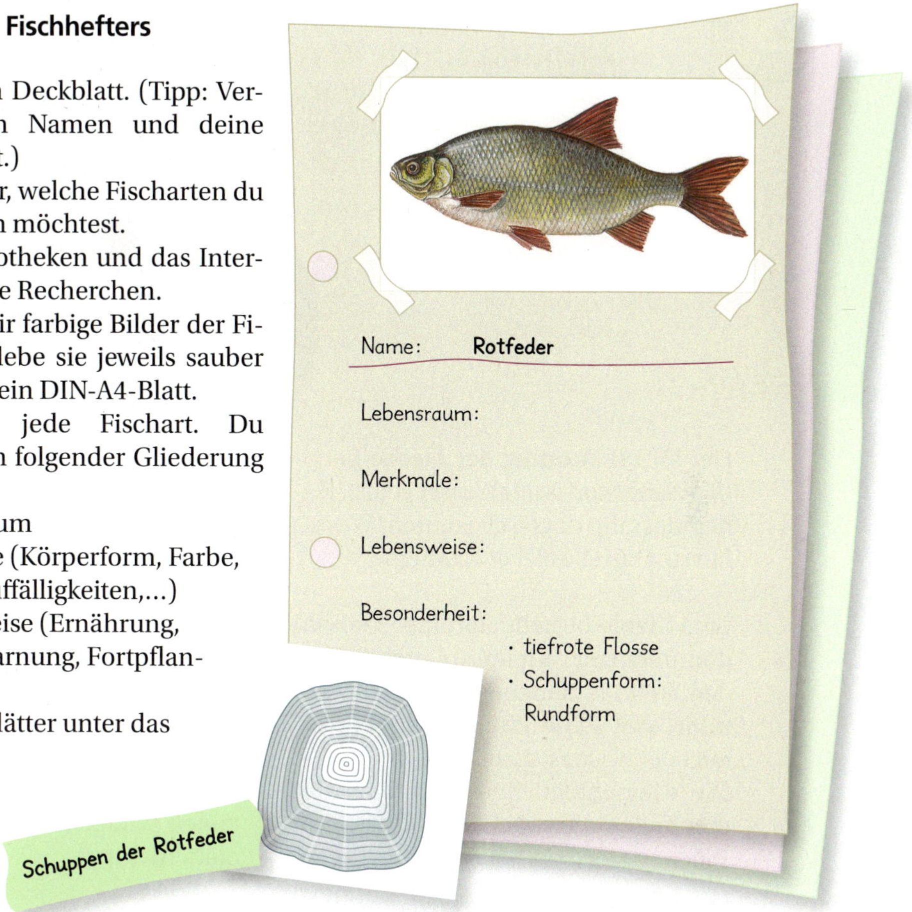

Aufgaben

1 Nenne den Nutzen einer schleimbedeckten Haut für das Leben im Wasser.

2 Ein Fisch ist sehr gut an das Wasser und an seine Art der Fortbewegung angepasst.
Belege diese Aussage. Finde mindestens drei Besonderheiten im Körperbau.

3 Beschreibe die Form und die Färbung der Flossen von Barsch, Hering und Moderlieschen. ↗S.13

4 Ladet einen Angler in eure Klasse ein. Überlegt euch Fragen und führt ein Interview mit dem Angler.

5 Erläutere, warum ein Fisch im Wasser schweben kann.

Atmung unter Wasser

Auch Fische benötigen zum Leben Sauerstoff. Wie ist ihr Überleben im Wasser möglich?

Der für die **Atmung der Fische** benötigte Sauerstoff ist im Wasser gelöst. Daher muss ihn der Fisch aus dem Wasser filtern. Dazu besitzt er Kiemen.

Eine **Kieme** besteht aus einer Vielzahl dünnhäutiger **Kiemenblättchen.** In den Kiemenblättchen befinden sich zahlreiche feine Blutgefäße. Hier erfolgt der Gasaustausch.
Die Kiemenblättchen sind am **Kiemenbogen** verwachsen. Um feste Teilchen aus dem Wasser zu sortieren, besitzt der Kiemenbogen dornenartige Fortsätze. Diese Fortsätze bilden die **Kiemenreuse.** Von hier aus gelangen die festen Teilchen des Wassers über den Schlund in die Verdauungsorgane.

Fische atmen durch Kiemen. Der Austausch von Sauerstoff und Kohlenstoffdioxid findet in den feinen Blutgefäßen der Kiemenblättchen statt.

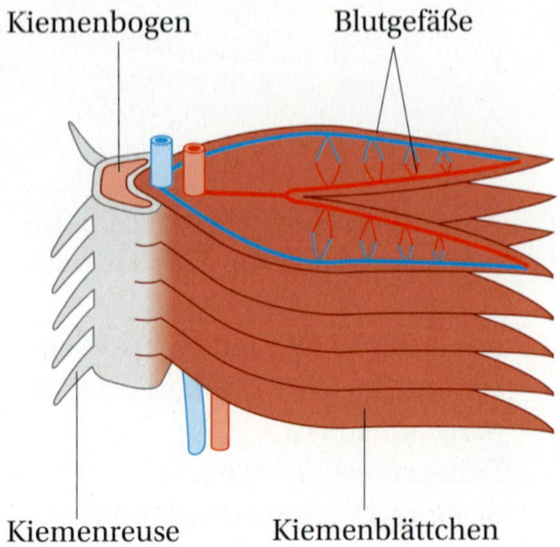

Die Kiemen eines Fischs sind rot. Erkläre, warum das so ist.

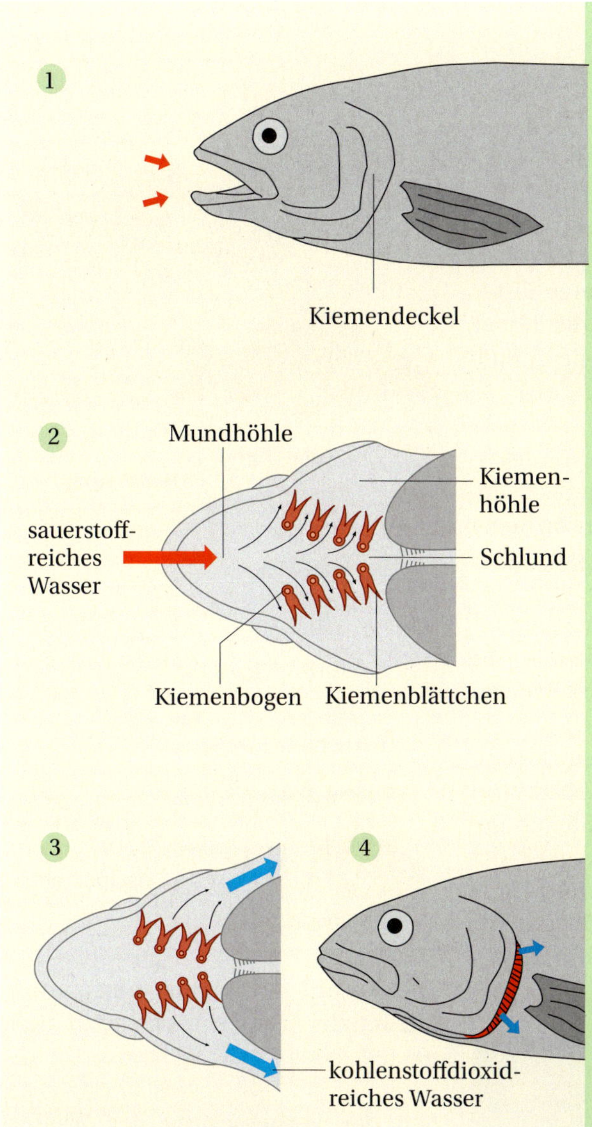

1. Beim Schließen der Kiemendeckel und Öffnen des Mauls strömt Wasser in die Mundhöhle.
2. Das Wasser gelangt in die Kiemenhöhle und die Kiemen. Sauerstoff wird an der Oberfläche der Kiemenblättchen von Blutgefäßen aufgenommen.
3. Kohlenstoffdioxid wird aus dem Blut der Kiemenblättchen an das Wasser abgegeben. Kohlenstoffdioxidreiches Wasser wird aus den Kiemenhöhlen gepresst.
4. Der Fisch öffnet hierfür die Kiemendeckel und schließt das Maul.

Aufgaben

1_ Beschreibe den Atemvorgang bei Fischen. ↗ S. 13

2_ Informiere dich über je eine Eigenschaft von Sauerstoff und Kohlenstoffdioxid. Benutze ein Lexikon oder das Internet.

3_ Skizziere eine Einzelkieme und beschrifte diese. Erläutere, warum Kiemen gut durchblutet sein müssen.

4_ Erkläre, weshalb ein Fisch an der Luft erstickt. ↗ S. 32

Wusstest du schon...

Schützenswerte Gewässer

Die Elbe durchfließt Sachsen-Anhalt in einer Länge von ca. 300 km. In die Elbe fließen u. a. die Schwarze Elster, die Mulde, die Saale und die Havel. Der größte See ist mit 5,1 km^2 der Arendsee.

Die Elbe galt einst als einer der fischreichsten Flüsse Europas. In Sachsen-Anhalt kamen 53 Fischarten vor. Sogar *Stör* und *Lachs* wurden hier gefangen.

Im 20. Jh. hatten sich die Lebensbedingungen der Fische durch die **Verschmutzung mit Abwässern** verschlechtert.
Auch der Gewässerausbau beeinflusste den Fischreichtum negativ. Der **Flusslauf** wurde an vielen Stellen begradigt. Die Fließgeschwindigkeit des Flusses erhöhte sich. Dadurch wurde ein Teil des Laichs fortgespült, den die Fische zwischen den Wasserpflanzen abgelegt hatten.

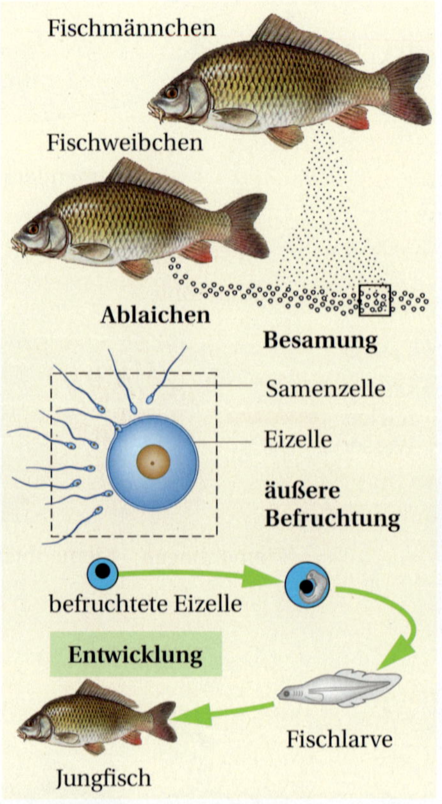

Die Anzahl der Fische ging zurück. Ein Teil der Fischarten war nicht mehr nachweisbar.

Seit der **Verbesserung der Wasserqualität** nach 1990 erholen sich einige Fischbestände wieder.
Durch die Einrichtung des **Biosphärenreservats Mittelelbe** ist zudem ein Teil der Elbe in Sachsen-Anhalt unter Schutz gestellt.
Mittlerweile wurden wieder 45 Fischarten festgestellt. So scheint es sogar langfristig eine Zukunft für die Elbefischerei zu geben.

Das **Fischereigesetz** dient ebenfalls dem Schutz der Fischbestände. Das Gesetz legt u. a. fest, dass einige Fische in der Fortpflanzungszeit nicht gefangen werden dürfen. Sie haben eine **Schonzeit.** Zudem müssen die Angler und Fischer **Mindestgrößen** und **Fangmengen** einhalten.

Nicht nur die Fische in unseren Flüssen und Seen, auch Meeresfische sind zum Teil stark bedroht. Hier ist es ebenfalls notwendig, die Fangmengen zu begrenzen, damit sich die Bestände wieder erholen können.
Nur so werden *Hering, Lachs, Dorsch* und *Makrele* noch lange unseren Speiseplan bereichern.

Das hast du gelernt

Der Fisch – angepasst an ein Leben im Wasser

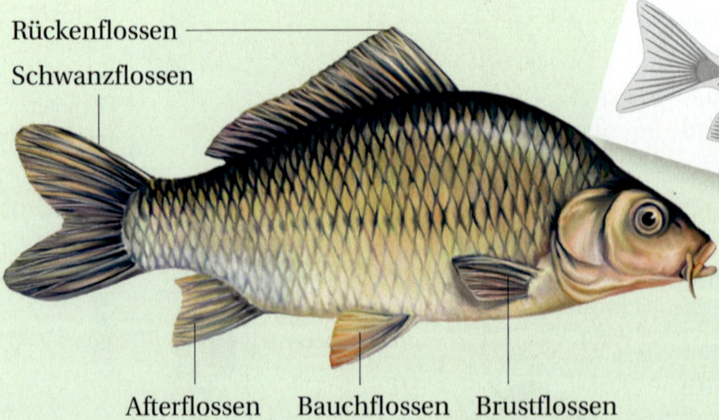

stromlinienförmiger Körper
bietet dem Wasser einen geringen Widerstand und macht den Fisch schneller

Kiemenatmung
Kiemen ermöglichen den Austausch von Sauerstoff und Kohlenstoffdioxid zwischen Blut und Wasser.

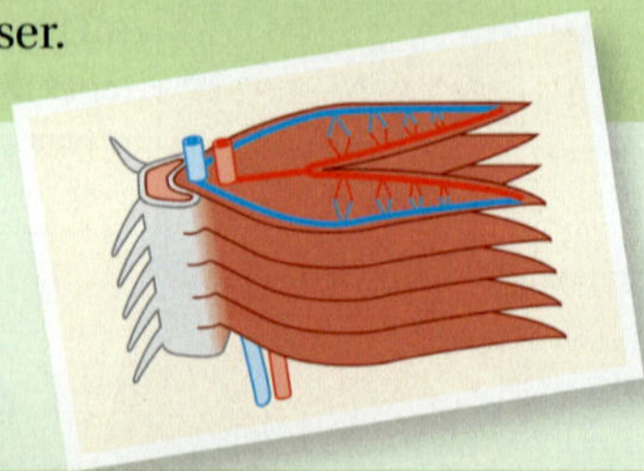

Flossen
ermöglichen schnelle, schlängelnde Fortbewegung und sorgen für Stabilität und Gleichgewicht.

Schwimmblase
gewährleistet den regulierbaren Auftrieb des Fisches und ermöglicht es ihm zu schweben.

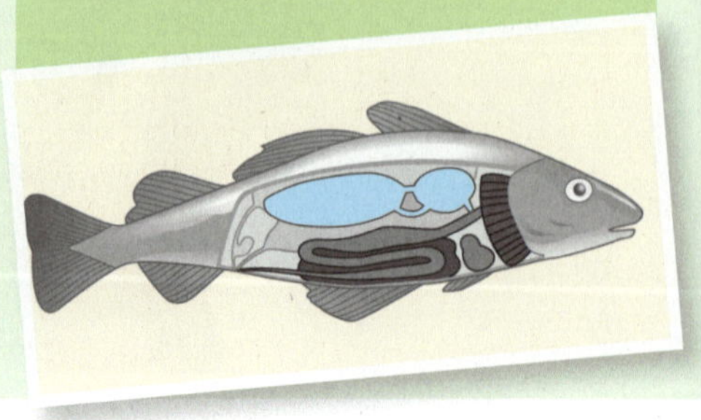

schleimige Haut mit Schuppen –
macht den Fisch schneller und schützt ihn.

Löse mit Köpfchen

1. Der Fisch in seinem Element

a) Begründe, warum ein Lachs viel schneller als der Mensch schwimmen kann. ↗ S. 55

b) Heringe leben im Schwarm. Finde Vorteile und Nachteile eines solchen Verhaltens. Diskutiere deine Vermutungen mit deiner Lernpartnerin bzw. deinem Lernpartner.

2. Fische im See

Betrachte die Abbildung. Ist der Fisch ein Raubfisch oder ein Friedfisch? Begründe deine Vermutung. ↗ S. 55

3. Fische im Aquarium

a) Beobachte einige Lebenserscheinungen der Aquarienfische. Nenne einige für Fische typische Verhaltensweisen. Beschreibe sie an Beispielen. ↗ S. 13

b) Recherchiere, wie sich Fische fortpflanzen.

4. Fische im Alltag

a) Fische sind nicht nur schmackhaft, sondern auch ein besonders wertvolles Lebensmittel. Finde heraus, warum das so ist.

b) Informiere dich über eine Fischzuchtanlage in der Nähe deines Wohnortes. Vielleicht könnt ihr als Klasse die Anlage sogar besichtigen. Stelle eine Liste von Fragen an die Mitarbeiter zusammen. Bewertest du solche Anlagen positiv oder negativ?

c) Der Stichling ist ein Fisch, der Brutpflege betreibt. Was bedeutet dies? Informiere dich mit deiner Lernpartnerin bzw. deinem Lernpartner z.B. im Internet.

Lurche – immer gut getarnt?

Den Laubfrosch entdeckst du in seiner natürlichen Umgebung kaum. Ist das bei allen Lurchen so?

Einheimische Frösche und Kröten haben meist eine grünlich oder bräunlich gefärbte Haut mit dunklen Flecken oder Zeichnungen. Daher kannst du sie nur schwer entdecken. Diese **Tarnfärbung** dient zum Schutz vor Feinden.

Feuersalamander besitzen eine auffällige Färbung. Ihre glänzende, schwarz-gelbe Haut ist weithin sichtbar. Sie schützen sich gegen ihre Feinde, indem sie diese abschrecken. Ihre **Warnfarbe** zeigt den Feinden, dass sie durch Drüsen auf ihrem Rücken ein lähmendes Gift ausscheiden.

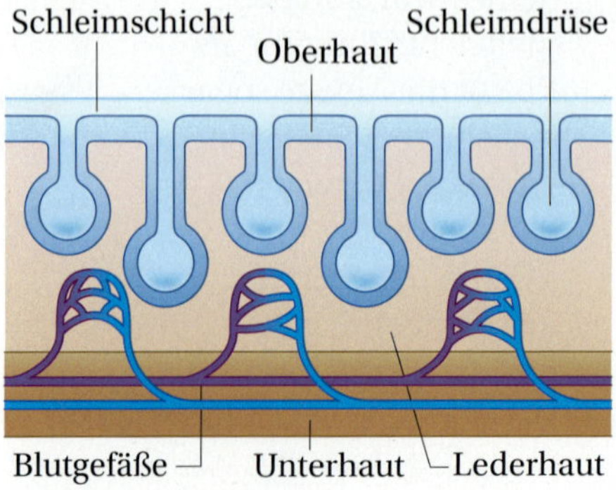

Vergleiche die Haut der Lurche mit der Haut der Fische.

Die Haut der **Lurche** ist nicht durch Schuppen, Federn oder Haare geschützt. Die Lurchhaut wird daher als **nackte Haut** bezeichnet. Sie trocknet leicht aus.
Deshalb ist die Haut mit **Schleimdrüsen** versehen. Der hier produzierte Schleim bedeckt den gesamten Lurchkörper. Diese Schleimschicht verhindert, dass die Haut zu viel Feuchtigkeit verliert.
Manche Lurche besitzen in ihrer Oberhaut zusätzlich Giftdrüsen. Die Haut der Frösche ist glatt, die der Kröten oft warzig.

Weil die Haut leicht austrocknet, findest du Lurche in feuchter Umgebung auf dem Land, direkt am Wasser und zum Teil auch im Wasser. Sie sind **Feuchtlufttiere.**

Lurche sind Feuchtlufttiere. Sie besitzen eine nackte, drüsenreiche Haut.

Lurche

Grasfrosch
Lebensraum: feuchte Wiesen, schattige Wälder
Merkmale: Haut braun, grau oder gelblich mit dunklen Flecken auf der Oberseite; dunkler Schläfenfleck; Paarungszeit im Frühjahr; Ablaichen im Flachwasser; Überwinterung im Bodenschlamm von Gewässern

Erdkröte
Lebensraum: Wälder, Gärten, Parkanlagen, Wiesen
Merkmale: bräunliche, warzenreiche Haut als Schutz, Beutefang nachts; Überwinterung in Erdlöchern in Winterstarre

Teichmolch
Lebensraum: an Land an feuchten Stellen; nur zur Paarungszeit in stehenden und fließenden Gewässern
Merkmale: Rücken und Bauch bräunlich mit dunklen Flecken, Überwinterung an Land in Winterstarre

Feuersalamander
Lebensraum: Land, bevorzugt in feuchten Laubwäldern, bis 1 000 m Höhe
Merkmale: gelbe Flecken auf schwarzem Grund; Paarung an Land; innere Befruchtung; Überwinterung an Land in Winterstarre; gefährdet

Aufgaben

1 Findet weitere Beispiele für Lurche. Notiert kennzeichnende Merkmale. Versucht, Lurche in Gruppen zu ordnen.

2 Beschreibe, wie sich die Gelbbauchunke vor ihren Feinden schützt. Tipp: Betrachte die nebenstehende Abbildung.

Atmung über und unter Wasser

Warum kann der Frosch im Wasser Winterruhe halten, ohne zu ersticken? Wie atmet er?

Obwohl erwachsene Lurche auch im Wasser leben, besitzen sie keine Kiemen. Sie atmen mit Hilfe von **Lungen (Lungenatmung).**

Eine Lurchlunge ist einfach gekammert und sackförmig. Sie besitzt eine dünne, stark durchblutete Oberfläche.

Die Lurche besitzen eine einfach gekammerte, sackförmige Lunge.

Die einfache Lunge kann den Sauerstoffbedarf des Froschs nicht decken. Daher gibt es bei den Lurchen eine zusätzliche Möglichkeit zu atmen.

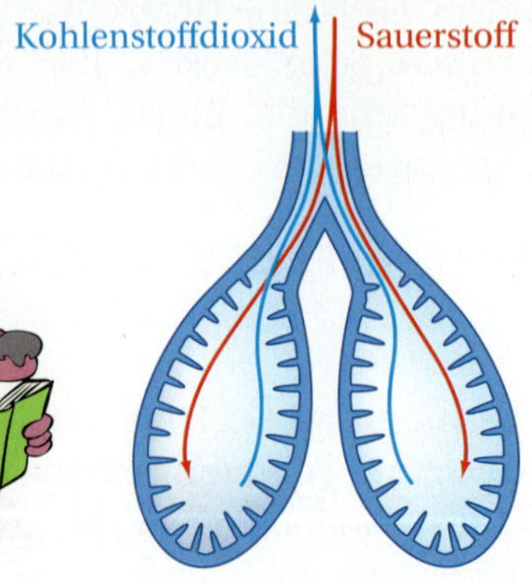

Sie atmen mithilfe ihrer **Haut (Hautatmung).** Über die dünne feuchte Haut der Lurche findet ebenfalls ein Gasaustausch statt.

Die Hautatmung hat für das Überleben im Winter große Bedeutung. Lurche überwintern in Erdlöchern, im Bodenschlamm oder am Gewässergrund. Dort fallen sie in Winterstarre. Das heißt, ihre Lebensvorgänge laufen sehr langsam ab. Natürlich benötigen sie trotzdem Sauerstoff. Der Gasaustausch erfolgt im Wasser über die Haut.

Lurche atmen über einfach gebaute Lungen und über ihre feuchte Haut.

- Beschreibe den Bau der Lunge von Lurchen.

Erforsche es

Vergrößerte Oberflächen

Für den Gasaustausch ist die innere Oberfläche der Lunge entscheidend. Je feiner aufgegliedert die Lungen sind, desto größer ist die innere Oberfläche.
Veranschauliche diese Aussage, indem du eine sackartige Lunge ohne Kammerung auf ein Blatt zeichnest. Umfahre jetzt mit einem Wollfaden alle Linien, die den Innenraum der Lunge kennzeichnen. Miss die Länge des benötigten Fadens.
Zeichne dann eine Kammerung ein und umfahre wieder alle Linien im Inneren. Miss ebenfalls die Länge des benötigten Fadens.
Interpretiere deine Messergebnisse.

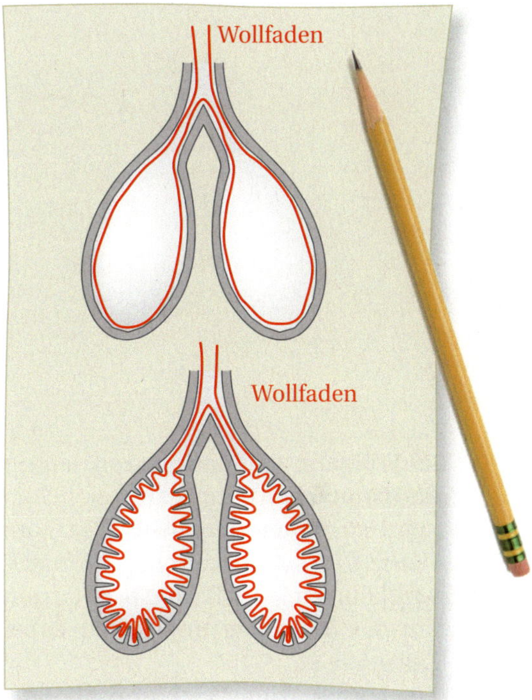

Aufgaben

1 Einige Frösche überwintern am Grund von Gewässern. Begründe, warum ein Gartenteich mindestens 80 cm tief sein sollte.
↗ S. 55

2 Vergleiche den Lebensraum, die Atmung und die Körperbedeckung von Fischen und Lurchen. Erläutere, warum Lurche nicht durch Schuppen geschützt sind.
↗ S. 23

3 Erklärt, warum der Anteil der Hautatmung bei den verschiedenen Lurchen so unterschiedlich ist. Nutzt die Tabelle.
(Tipp: Überlegt, welchen Lebensraum die Tiere jeweils bewohnen.)

Vertreter	Anteil der Hautatmung
Frösche/Kröten	1/4
Molche	3/4
Salamander	1/2

Vergleicht eure Erklärungen in der Klasse.

Eine nasse Kinderstube

Ein Froschkonzert in der Dämmerung fällt auf. Finde heraus, warum die Frösche quaken.

Im Frühjahr, zur **Paarungszeit,** locken die männlichen Lurche die weiblichen Tiere auf unterschiedliche Weise an. *Wasserfrösche* quaken laut, *Grasfrösche* knurren leise. *Teichmolche* tanzen um das Weibchen und geben dabei Duftstoffe ab.
Zur Fortpflanzung verlassen die Lurche ihre Winterquartiere. Sie suchen das Gewässer auf, in dem sie selbst aufgewachsen sind.
Die Weibchen der Froschlurche tragen das Männchen Huckepack zum Laichgewässer. Im Laichgewässer legen die Weibchen ihre Eier (den Laich) ab. Jedes Ei ist von einer Gallertschicht umgeben. Nach oder während der Eiablage gibt das Männchen eine Flüssigkeit ab, die Samenzellen enthält.

Bei vielen Lurchen findet die Befruchtung nicht im Körper des Weibchens statt, sondern im Wasser. Dann spricht man von **äußerer Befruchtung.**

Beschreibe den Vorgang der Befruchtung mit eigenen Worten.

Die Fortpflanzung vieler Lurche erfolgt durch äußere Befruchtung im Wasser.

Laichballen vom Grasfrosch

Beschreibe die Fortpflanzung und die Entwicklung des Grasfroschs. Unterstreiche in deinem Text die Entwicklungsstadien farbig.

Aus den befruchteten Froscheiern schlüpfen **Larven.** Sie heißen **Kaulquappen** und ernähren sich von Algen und Pflanzen.
Lurche verändern während ihrer Entwicklung ihr Aussehen stark.
Diesen Gestaltwandel nennt man **Metamorphose.**

Lurche durchlaufen in ihrer Entwicklung einen Gestaltwandel (Metamorphose).

Aufgaben

1. Ordne Laichballen, Einzelei, Laichschnur den einzelnen Arten (Erdkröte, Grasfrosch, Teichmolch) zu.
2. Lurche legen viele Eier ab. Nur wenige entwickeln sich zu erwachsenen Tieren. Erkläre, warum das so ist. ↗ S. 32
3. Vergleiche die Fortpflanzung von Molch und Frosch. ↗ S. 23

Lurche in Gefahr

Fast ein Viertel aller bedrohten Lebewesen weltweit sind Lurche. Fällt dir ein, wie du persönlich zu ihrem Schutz beitragen kannst?

Viele Lurche gehören zu den am stärksten gefährdeten Tierarten auf der Welt. Die heimischen Lurche stehen deshalb unter Naturschutz.

Die Hauptursache für die weltweite Gefährdung der Lurche ist die Bedrohung ihrer Lebensräume durch die Verschmutzung oder Trockenlegung der Gewässer oder Begradigung von Flüssen.

Oftmals trennen Straßen das Laichgebiet der Lurche von ihrem sonstigen Lebensraum. Daher hindern vielerorts Krötenzäune Lurche am Überqueren der Straße.

Krötentunnel dagegen ermöglichen ihnen das gefahrlose Durchqueren der Straße.

„Krötenzaun" und „Krötentunnel" (links)

Wusstest du schon...

Platz für Tiere und Pflanzen im und am Wasser

Durch Eingriffe des Menschen sind nur noch 10 % der Flüsse naturnah. Naturnahe Flüsse schlängeln sich durch die Landschaft. An ihren Ufern leben viele unterschiedliche Tier- und Pflanzenarten. Nicht zuletzt bieten Überflutungsflächen Schutz vor Hochwasser.
Zunehmend werden daher stark verbaute und begradigte Fluss- und Bachabschnitte wieder renaturiert.
Das betrifft beispielsweise Teile der Saale und der Havel.
So wurde 2009 ein Pflege- und Entwicklungsplan für die Untere Havel beschlossen. Er sieht u. a. vor, Uferbefestigungen zu beseitigen und Flussbegradigungen rückgängig zu machen.

Es werden in Sachsen-Anhalt jedoch nicht nur Gewässer renaturiert, sondern auch neue geschaffen. Viele ehemalige Braunkohletagebaue wurden bzw. werden in neue Seen und Feuchtgebiete umgewandelt.

Wissenschaftler haben festgestellt, dass die Artenvielfalt an und in diesen neu geschaffenen Lebensräumen schnell zunimmt.
Sie bieten u. a. vielen geschützten Tier- und Pflanzenarten geeignete Lebensbedingungen, so auch den unterschiedlichen Lurchen.

Aufgaben

1 Erläutere, wie die Lebensräume der Lurche durch Tourismus gefährdet oder gar zerstört werden können.
Nenne Beispiele und diskutiere sie mit deinem Lernpartner bzw. deiner Lernpartnerin.

2 Gib an, was du persönlich tun kannst, um Lurche zu schützen.

3 Erkundet, ob auch in eurer Region Lurche als gefährdet eingestuft sind.
Fragt bei Vereinen nach oder recherchiert im Internet.

Das hast du gelernt

Der Lurch – angepasst an ein Leben im Wasser und an Land

Lurche (Frösche, Kröten, Molche und Salamander) gehören zu den am stärksten gefährdeten Tieren. Wir alle können zu ihrem Schutz beitragen.

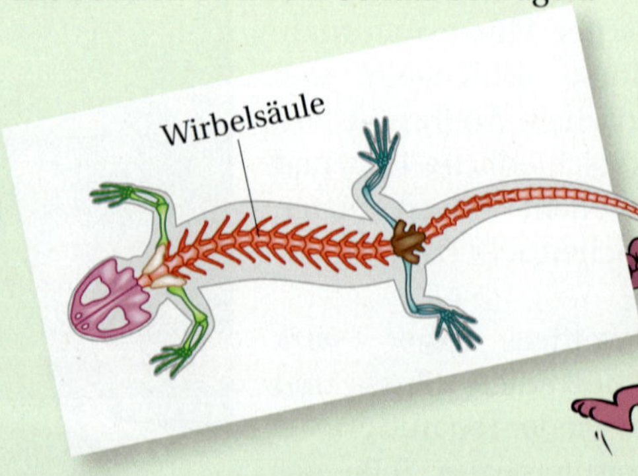

Nackte, drüsenreiche Haut
- dient der Hautatmung (Gasaustausch zwischen Blut und Luft bzw. Blut und Wasser)
- bietet durch Färbung und Giftdrüsen (einige Lurche) Schutz vor Feinden (Tarnung oder Warnung)

Sackförmige Lunge
- dient dem Gasaustausch zwischen Blut und Luft

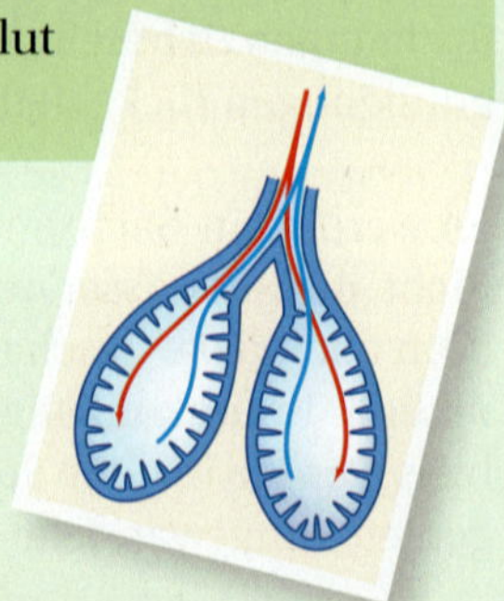

Entwicklung

Ei

Larve (Kaulquappe) mit Kiemen, fischähnlich

erwachsenes Tier mit 4 Gliedmaßen und Lunge

Der Gestaltwandel von der Larve zum ausgewachsenen Tier heißt Metamorphose.

Löse mit Köpfchen

1. Falsch oder richtig?

Finde heraus, was an diesem Text falsch ist. Schreibe den Text ab und ersetze dabei die falschen Wortgruppen durch richtige.

Fortpflanzung des Wasserfroschs

Die Fortpflanzung der Lurche findet an Land statt. Das Weibchen zieht das Männchen hinter sich her. Das Weibchen gibt seine Samenzellen in das Wasser ab und das Männchen daraufhin seine Eizellen. Die Befruchtung der Eier findet im Wasser statt. Jedes Ei ist von einer Schleimhülle umgeben, die im Wasser aufquillt. Alle Eier bilden dann große Ketten, die an der Oberfläche schwimmen. Nach etwa einer Woche schlüpfen aus den Eiern Larven, die man auch Jungfrosch nennt. Die Larven haben seitlich abgeplattete Gliedmaßen. Sie atmen durch Außenkiemen, die als kleine Büschel an beiden Seiten des Ruderschwanzes sichtbar sind. Nach zwei bis drei Wochen werden diese zu Innenkiemen, indem eine Haut darüber wächst. Etwa zu dieser Zeit entwickeln sich auch die Vorderbeine und danach die Hinterbeine. Der Ruderschwanz wird immer größer. Anstelle der inneren Kiemen entwickelt sich eine einfache, sackförmige Lunge. Mit ihrer Hilfe kann der Frosch auch im Wasser atmen.

2. Rätselhafte Biologie

Finde das Lösungswort gemeinsam mit deinem Lernpartner bzw. deiner Lernpartnerin.

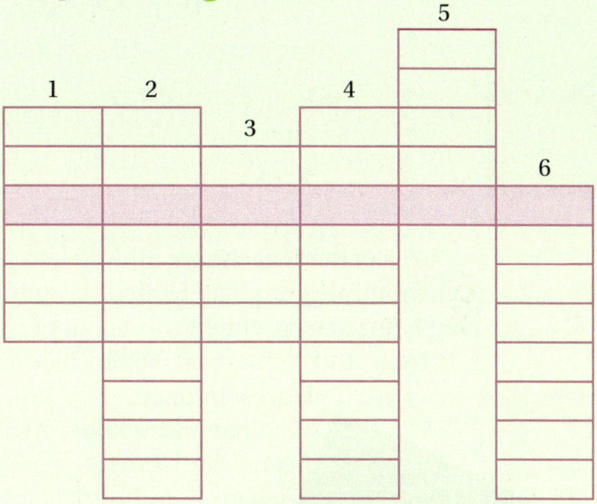

1 Gruppe der Schwanzlurche
2 Name der Froschlarve
3 Schleim absondernde Gebilde der Haut
4 Form der Lunge der Lurche
5 abgelegte Lurcheier
6 häufigste Krötenart

3. Kannst du es dir denken?

a) Nenne verschiedene Feuchtgebiete, in denen Lurche vorkommen können.

b) Erkläre, weshalb Lurche nützlich sind. ↗ S. 32

c) Recherchiere den Unterschied zwischen dem Schwanz eines Molches und dem Salamanderschwanz.

Schlangen „fahren aus der Haut"

Kriechtiere, wie die Ringelnatter, können dies tatsächlich, aber nicht vor Zorn. Finde heraus, warum sich einige Kriechtiere häuten.

Die Haut der Kriechtiere fühlt sich trocken an. Ihre oberste Schicht besteht aus einer Hornschicht mit Schuppen. Echsen und Schlangen haben kleine Hornschuppen. Bei Krokodilen und Schildkröten sind die Hornschuppen so groß und stark, dass sie als Hornplatten bezeichnet werden. Durch die Schuppen bzw. Platten und die Hornhaut ist die Oberhaut der Kriechtiere fest und hart. Daher ist die Haut nicht so anfällig für Verletzungen.

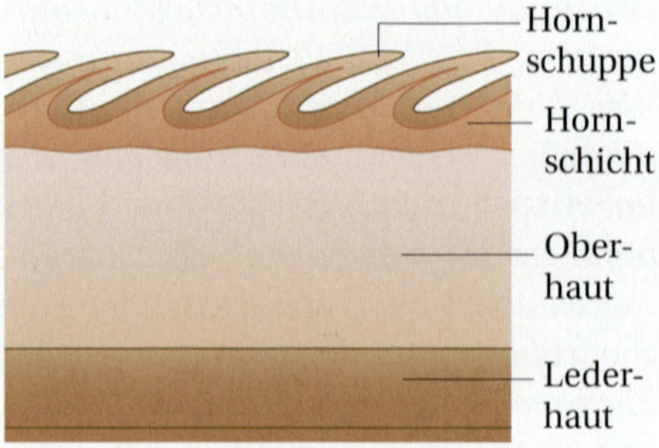

- Erläutere, welche Besonderheit die Haut der Kriechtiere kennzeichnet.

- Vergleiche die Körperbedeckung der Grünen Mamba und der Smaragdeidechse mit der Körperbedeckung des Zwergkrokodils und der Maurischen Landschildkröte.

Die trockene, feste Haut schützt Kriechtiere vor dem Austrocknen. Deshalb können Kriechtiere in trockenen Gebieten leben, u. a. in Wüsten und Savannen. Sie sind **Trockenlufttiere.**

Kriechtiere sind **wechselwarm.** Das heißt, sie haben keine gleichmäßige Körpertemperatur. So wärmen sie sich häufig in der prallen Sonne auf. Die Hornschicht verhindert dabei die Wasserabgabe durch die Haut.

> Kriechtiere besitzen eine trockene Haut mit einer Hornschicht. Sie sind Trockenlufttiere.

Wie alle Lebewesen wachsen Kriechtiere, noch dazu ein Leben lang!
Die feste Hornschicht wächst jedoch nicht mit. Sie wird den Tieren mit der Zeit zu eng. Sie müssen sich häuten.
Deshalb „fahren Schlangen aus der Haut". Sie streifen die zu eng gewordene Hülle im Ganzen ab.
Vielleicht hast du im Zoo in einem Terrarium schon einmal so eine abgestreifte Schlangenhaut gesehen. Diese Hülle heißt auch Natternhemd.

Finde heraus, wie bei Schildkröten das Problem mit dem „zu engen Panzer" gelöst wird.

Echsen streifen die zu eng gewordene Hornschicht in Fetzen nach und nach vom gesamten Körper ab.

Schildkröten häuten sich jedoch nur an den Gliedmaßen.

> Viele Kriechtiere streifen ihre alte Hornhaut ab. Dieser Vorgang heißt Häutung.

Aufgaben

1. Gib an, was ein sogenanntes Natternhemd ist. Lies dazu noch einmal den Text.
2. Im Text auf der Seite 92 sind vier Gruppen der Kriechtiere versteckt. Nennt die Gruppen und findet jeweils ein Beispiel. Fertigt Steckbriefe für diese Tiere an.
3. Informiere dich über die Fortbewegung der Kriechtiere. Ist die Bezeichnung „Kriechtier" gut gewählt? Diskutiere mit deinem Banknachbarn oder deiner Banknachbarin.
4. Vergleiche Trockenlufttiere mit Feuchtlufttieren. ↗ S. 23

Kinderstube – bitte warm und möglichst trocken

Einige Schildkröten leben im Meer. Nur einmal im Jahr gehen die Weibchen für eine Nacht an Land. Weißt du, was sie dort wollen?

Lederschildkröten sind sehr gut an das Leben im Wasser angepasst. Auch ihre Paarung findet im Meer statt.
Dabei gibt das Männchen Samenzellen in den Körper des Weibchens ab. Im Körper des Weibchens verschmilzt nun jeweils eine Samenzelle mit einer reifen Eizelle. Es erfolgt eine **innere Befruchtung**.
Danach werden im Inneren der Schildkröte die Eier gebildet. Zur Eiablage muss das Weibchen an Land schwimmen. Die Schildkröte gräbt ein Loch und legt ihre Eier darin ab.
Das eingegrabene Gelege wird von der Sonne ausgebrütet.

- Erläutere, warum weibliche Lederschildkröten einmal im Jahr ihren Lebensraum verlassen.

> Die Fortpflanzung der Kriechtiere erfolgt durch innere Befruchtung. Die Eiablage findet an Land statt.

Schildkröten und Krokodile bilden **Eier mit einer kalkhaltigen Schale**.
Die Eier von Echsen und Schlangen haben eine **pergamentartige Hülle.**
In den Eiern reifen vollständig entwickelte Jungtiere heran.

Bei einigen wenigen Kriechtieren entwickeln sich die Jungtiere im Ei innerhalb des Weibchens.
Die dünne Eihülle reißt in diesen Fällen während des Ablegevorgangs oder kurz danach ein.
Das ist beispielsweise bei der *Bergeidechse* der Fall.

> Kriechtiere legen pergament- oder kalkschalige Eier. Aus diesen schlüpfen vollständig entwickelte Jungtiere.

Schildere die Fortpflanzung und Entwicklung bei Kriechtieren. Nutze dazu die Grafik.

Aufgaben

1 Kriechtiere sind wechselwarme Tiere. Begründe, warum sie ihre Eier nicht ausbrüten können. ↗ S. 55

2 Informiere dich über die Besonderheit bei der Entwicklung der Jungen von Krokodilen. Nutze dazu u. a. das Internet.

3 Ringelnattern errichten einen Haufen aus Laub oder Kompost, in den sie die Eier legen. Vermutet, wozu Laub und Dung dienen könnten. Diskutiert eure Vermutungen in der Gruppe.

4 Kriechtiere sind sehr gut an trockene Lebensräume angepasst. Stelle einen Zusammenhang zur Fortpflanzung her.

5 Informiere dich darüber, welchen Einfluss die Temperatur bei der Entwicklung vieler Kriechtiere hat.

Wusstest du schon…

Kriechtiere des Erdmittelalters

Die Zeitspanne des Erdmittelalters erstreckt sich etwa von vor 225 Millionen Jahren bis vor 65 Millionen Jahren. Auf der Erde war es damals trocken und viel wärmer als heute. In dieser Zeit hatten sich besonders die Kriechtiere entwickelt. Wissenschaftler können dies durch Fossilienfunde beweisen.
Fossilien sind Überreste der Organismen früherer Erdzeitalter. Zu ihnen zählen Knochen und Zähne, aber auch Abdrücke von Füßen, Federn, Haut oder Pflanzen. Durch diese Fossilien wissen wir heute viel über ausgestorbene Kriechtiere – über Saurier.
Saurier bevölkerten alle Lebensräume. So lebten in den damaligen Wäldern Landsaurier und in den Meeren die Saurier des Wassers. Die Flugsaurier hatten die Lüfte erobert.

Vermutlich konnten nicht alle Flugsaurier wirklich fliegen, sondern nur segeln. Der *Pteranodon* erreichte eine Flügelspannweite von acht Metern. Zwischen einem stark verlängerten Fingerknochen und dem Körper hatten sich Flughäute gebildet. Sie ermöglichten ihm die Fortbewegung in der Luft.

Auch der Körper der riesigen *Plesiosauren* war an ihren Lebensraum angepasst. Sie hatten flossenähnliche Gliedmaßen und eine Stromlinienform. So waren sie schnell genug, um Fische und andere Tiere zu erbeuten.

Einer der bekanntesten Landsaurier, der *Tyrannosaurus Rex,* besaß messerscharfe Zähne. Sie zeigen, dass er sich von Fleisch ernährte. Falls er wirklich ein Jäger war, konnte er durch seine Größe von bis zu 13 Metern auch dem Pflanzen fressenden *Brachiosaurus* gefährlich werden.

Vor etwa 65 Millionen Jahren starben die Saurier aus. Die Ursache dafür ist bis heute nicht endgültig geklärt.
Wahrscheinlich änderte sich das Klima. Ursache für das Abkühlen des Planeten könnte der Einschlag eines riesigen Meteoriten gewesen sein. Möglicherweise wurde durch den Einschlag eine gigantische Staubwolke aufgewirbelt, die die Sonne verdunkelte.

Erforsche es

Fossilien selbst gemacht

Sicher hast du schon verschiedene Fossilien betrachtet, z. B. Abdrücke von Muscheln oder Pflanzen. Besonders geheimnisvoll sind versteinerte Fußspuren von Sauriern. Hast du schon einmal darüber nachgedacht, wie sie wohl entstanden sind?

Aufgabe:
Stelle verschiedene Abdrücke her.

Materialien:
Gips, Frischhaltefolie, Gipstopf und Spachtel, Schneckengehäuse, Muschelschale, Fuß einer Figur aus Kunststoff usw.

Durchführung:
1. Rühre Gips in einem Gipstopf an. Lege Frischhaltefolie über das Original.
2. Drücke anschließend das Original in die Masse. Die Frischhaltefolie dient als Trennschicht.

3. Stürze den gesamten Gipsklotz nach dem Trocknen aus dem Gipstopf. Nimm nun das Original heraus.
   Du kannst den Abdruck sicher gut erkennen.

Tipp: Du kannst auch einen Abdruck von deinem eigenen Fuß anfertigen.

Auswertung:
Erkläre, wie Saurierspuren entstanden sind. Informiere dich dazu auch noch einmal im Internet.

Das hast du gelernt

Das Kriechtier – angepasst an ein Leben an Land

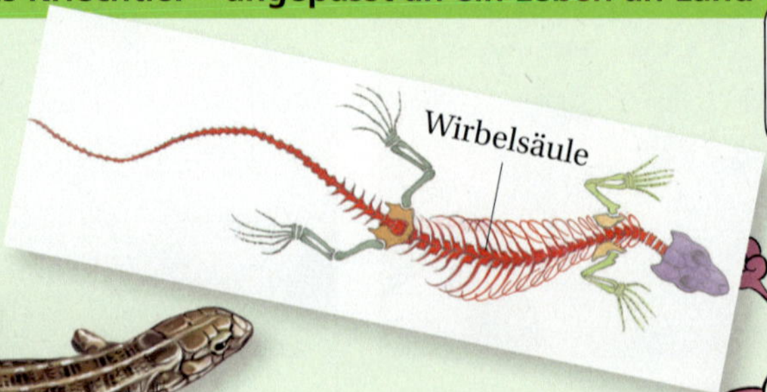

Haut
- trockene Haut mit Hornschuppen oder Hornplatten
- Schutz vor Austrocknung

Fortpflanzung
- innere Befruchtung
- pergamentschalige oder kalkschalige Eier
- Schlupf voll entwickelter Jungtiere

Vielfalt der Kriechtiere

Löse mit Köpfchen

1. Die Kriechtiere – vielgestaltige Wesen

a) Ordne folgende Begriffe in das Schema ein: Schildkröten, Wirbeltiere, Ringelnatter, Blindschleiche, Krokodile, Echsen, Griechische Landschildkröte, Nilkrokodil, Schlangen.

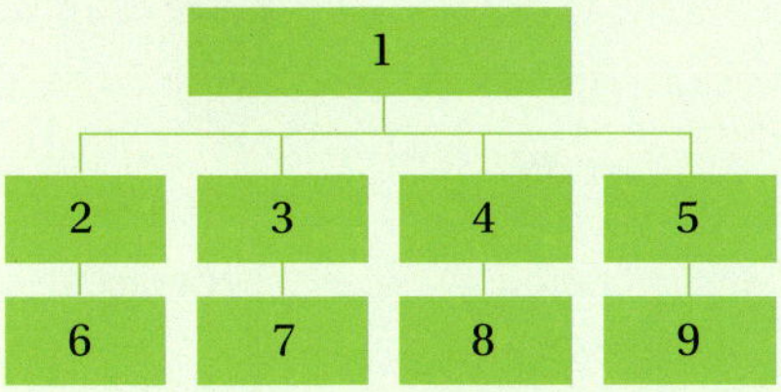

b) Recherchiere, welche Eidechse wie eine Schlange aussieht.

c) Nenne fünf einheimische Kriechtiere und fünf Kriechtiere fremder Länder.

2. Aus wenigen werden mehr und leider auch umgekehrt

a) Beschreibe die Fortpflanzung der Zauneidechse.

b) Informiere dich in der Naturschutzbehörde über Schutzmaßnahmen für einheimische Kriechtiere. Diskutiere die Ergebnisse mit deinen Mitschülern.

c) Zähle Besonderheiten bei der Fortpflanzung einzelner Kriechtierarten auf.

3. Da kommt die Verwandtschaft durch

a) Benenne die abgebildeten Tiere. Vergleiche sie. ↗ S. 23

A

B

b) Benenne die abgebildeten Tiere. Vergleiche. ↗ S. 23

A

B

c) Ordne die Haut A und B jeweils einer Wirbeltiergruppe zu.

A

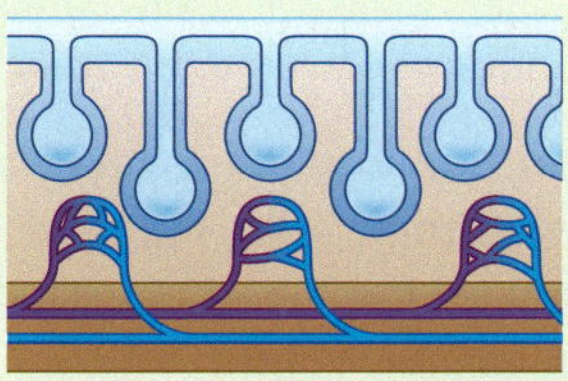

B

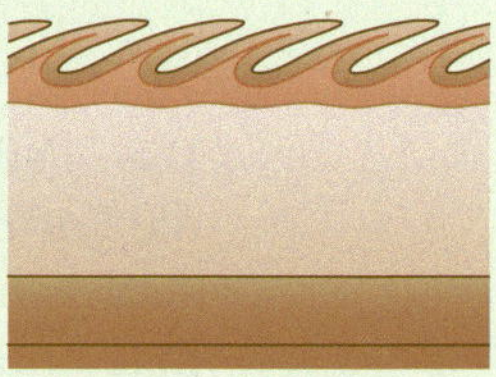

Vögel – Eroberer der Lüfte

Lege ein durchsichtiges Papier über die Flugbilder. Umfahre die Körper der Vögel (ohne Flügel und Schwanz) mit einem Stift. Kommt dir das Ergebnis bekannt vor?

Die Körperform des Vogels hast du schon am Fischkörper kennengelernt. Der Vogelkörper ist ebenfalls stromlinienförmig gebaut. Der Luftwiderstand ist bei dieser Form am geringsten. Ein geringer Luftwiderstand erleichtert das Fliegen. Auch die Oberfläche des Vogelkörpers bietet der Luft nur wenig Widerstand. Sie ist glatt und wird durch Federn gebildet.

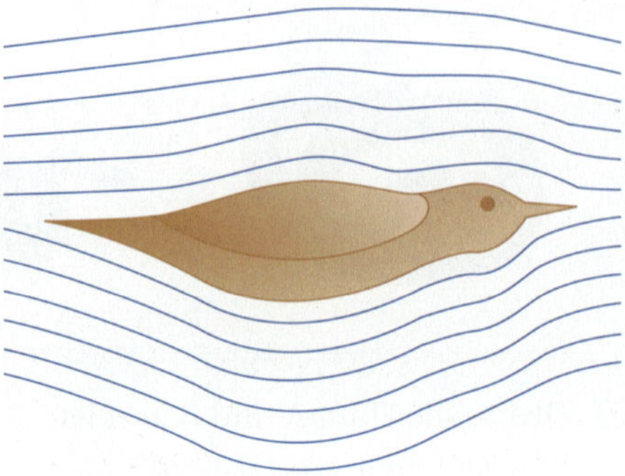

Die Vögel besitzen einen stromlinienförmigen Körper.

Die Federn unterstützen ebenfalls die Fortbewegung in der Luft. Federn sind, genau wie Haare, aus Horn gebildete Anhängsel der Haut.

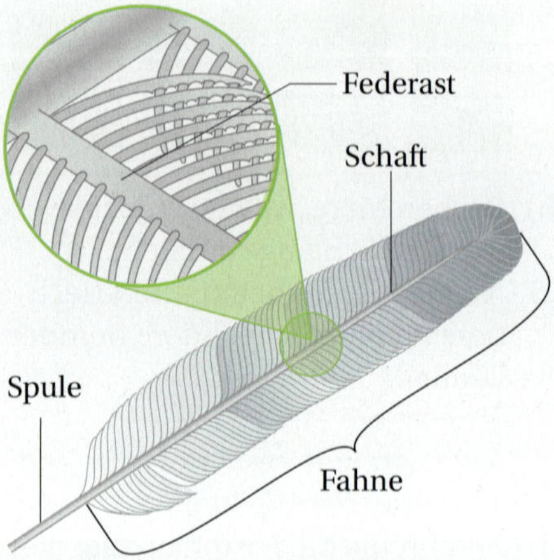

Teile	Funktion
Schaft	stabilisiert Feder
Federäste	bilden die flache Federfahne
Spule	verankert Feder fest in der Haut
Fahne	bildet die Fläche zum Fliegen

Die Federn haben einen gemeinsamen Grundbau.
Es gibt allerdings verschiedene Federarten mit unterschiedlichen Funktionen. (Informiere dich auf Seite 101.)

Deckfedern	Schutz des Vogels
- liegen dachziegelartig über den Daunen - bilden eine dichte Schicht	- Schutz vor Nässe und Kälte - Tarnung - Schmuck- oder Signalfunktion bei der Fortpflanzung
Schwungfedern	**Flug**
- bilden die Schwingen (geschlossene Flügeldecken) an den Flügeln	- Tragflächen der Flügel - Stabilisierung des Fluges
Steuerfedern	**Flug**
- formen Schwanz (daher auch Schwanzfedern genannt)	- Steuerung - Abbremsen bei der Landung - Stabilisierung des Fluges
Daunenfedern	**Isolierung**
- zwischen den langen, fadenförmigen Ästen entstehen mit Luft gefüllte Hohlräume	- Schutz vor Auskühlung bzw. vor Überhitzung

Aufgaben

1 Gib an, welche Federn zum Gefieder gehören und welche Funktion sie erfüllen. Nutze das obige Schema.

2 Sammle unterschiedliche Federn. Betrachte eine Daunenfeder und eine Deckfeder mit der Lupe. Zeichne einen Ausschnitt.

3 Das Gefieder der Vögel ist arttypisch gefärbt. Für die Bestimmung ist das ein wichtiges Merkmal. Sammelt Fotos unterschiedlicher Vögel und stellt sie aus.

4 Beobachte Vögel beim Putzen. Recherchiere, wozu das Putzen dient. Vermute, warum die Pflege des Gefieders für Vögel lebenswichtig ist. ↗ S. 12,

Per Leichtbauweise in die Höhe...

Vielleicht hast du im Herbst einmal einen selbstgebastelten Drachen steigen lassen.
Erinnerst du dich an die Anforderungen an dessen Gerüst?

Ein Vogel muss möglichst leicht sein, damit er fliegen kann. Er besitzt einen **zahnlosen Schnabel** aus Horn und eine relativ **kurze Schwanzwirbelsäule.** So wird das Gewicht verringert. Sein Knochengerüst ist ebenfalls sehr **leicht** und dennoch äußerst **stabil.** Der innere Aufbau der **Knochen** zeigt eine Wabenstruktur mit vielen luftgefüllten Hohlräumen.

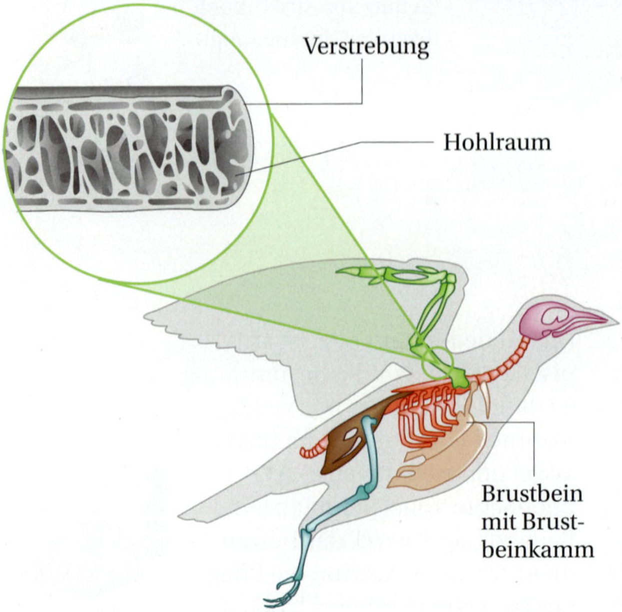

■ Erläutere, welchen Vorteil der Bau der Knochen für den Vogel hat.

Weitere Anpassungen an das Fliegen kannst du am Skelett entdecken. Im Beckenbereich sind die **Knochen fest miteinander verwachsen.**
Einige Handknochen sind teilweise untereinander verschmolzen. Die **Vordergliedmaßen sind zu Flügeln umgebildet.**

Sicher sind dir auch schon einmal die **großen Brustmuskeln** des Vogels aufgefallen. Sie ermöglichen das Auf- und Abschlagen der Flügel. Zu der kräftigen Muskulatur passt das **flächenförmige Brustbein** mit einem **großen Brustbeinkamm.**

Während des Fluges liegen die inneren Organe des Vogels in einer Senke über der Brustbeinfläche. Der Körperschwerpunkt liegt dadurch tiefer. Dies ist für einen stabilen Flug erforderlich.

- Vögel sind durch ihren Bewegungsapparat an das Fliegen angepasst.

Erforsche es

Perfekt angepasst an das Fliegen

1. Aufgabe:
Prüfe das Gewicht von Vogelknochen.

Materialien:
Balkenwaage, Vogelknochen und Säugetierknochen ähnlicher Größe

Durchführung und Beobachtung:
Wäge beide Knochen. Notiere das Ergebnis.

Auswertung:
Formuliere deine Feststellung.

2. Aufgabe:
Untersuche den Einfluss von Wind auf eine Deckfeder.

Materialien: Deckfeder

Durchführung und Beobachtung:
a) Blase so stark wie du kannst gegen eine Deckfeder.
b) Streife die Feder durch deine Finger – zunächst in Richtung Spitze, dann andersherum.
c) Blase erneut in die Feder.
Notiere jeweils, was passiert.

Auswertung:
Erkläre deine Beobachtung.

3. Aufgabe:
Teste verschiedene Flieger.

Materialien: Papier, Maßband

Durchführung und Beobachtung:
Baue verschiedene Papierflieger. Verändere Flügelgröße, Flügelform, Masse oder Schwerpunkt des Fliegers.
Ermittle die jeweiligen Flugweiten.

Auswertung:
Beschreibe die Bauweise des Fliegers, der am weitesten fliegt. Vergleiche mit dem Vogelkörper.

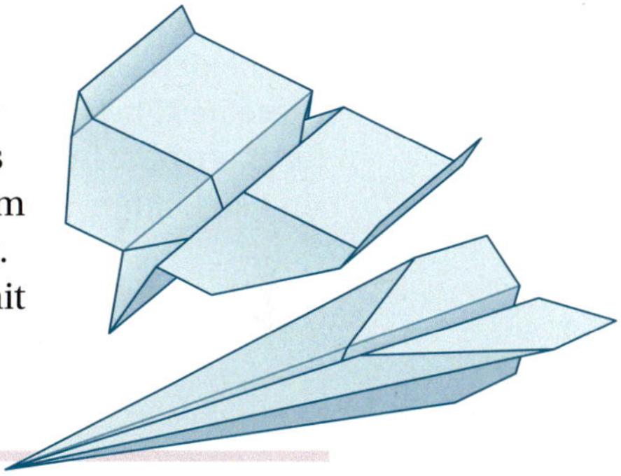

Aufgaben

1 Ordne die Abbildungen A und B Vogel und Säugetier zu. Begründe. ↗ S. 55

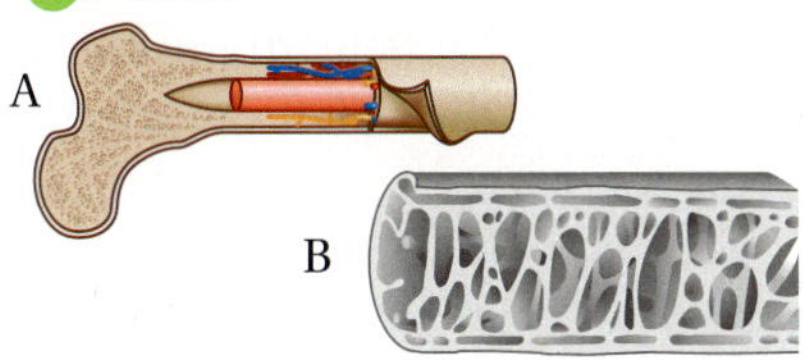

2 Erläutere, wie Vögel an das Fliegen angepasst sind. Wähle dazu zwei Beispiele aus. Nutze den Text auf der vorigen Seite.

3 Vergleiche Gänse- und Hundeschädel. Finde zwei Unterschiede. Gib an, welche Bedeutung sie für den Vogel haben. ↗ S. 23

Warum geht den Vögeln nicht die Luft aus?

Musstest du schon mal einen Lauf aus Luftnot abbrechen? Ein Storch fliegt viele Kilometer weit, ohne dass er Atemprobleme zeigt.

Fliegen ist anstrengend. Mit zunehmender Belastung steigt der Sauerstoffbedarf des Vogels an. Daher besitzt das **Atmungssystem** der Vögel einige **Besonderheiten.**

Die Luft gelangt über die Luftröhre in die beiden Lungenflügel der Lunge. Diese bestehen aus einem **Netz feinster Luftröhrchen.** Die Luftröhrchen sind an beiden Seiten offen.

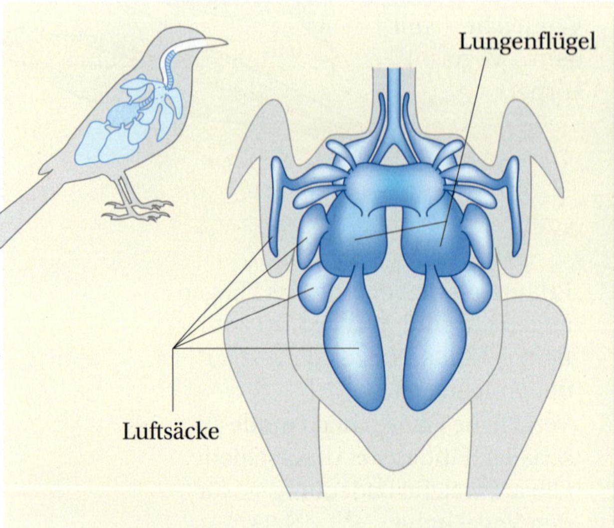

- Beschreibe den Weg der Atemluft.

An diesem Geflecht findet der Gasaustausch statt. Sauerstoff wird aus der Atemluft aufgenommen, Kohlenstoffdioxid abgegeben.
Die Atemluft wird jedoch nicht wie bei einem Menschen sofort ausgeatmet, sondern strömt aus den Lungenflügeln weiter in **Luftsäcke.** Das sind zusätzliche Ausstülpungen der Lunge. Dadurch können Vögel ein großes Luftvolumen aufnehmen.

- Welche Besonderheit weist die Lunge der Vögel auf?

Atmet der Vogel aus, strömt die Luft aus den Luftsäcken noch einmal durch die Lunge.
Dies ermöglicht die **doppelte Ausnutzung der Atemluft.** Auf diese Weise kann ein Vogel fast den gesamten Sauerstoff aus der Atemluft entnehmen.

- Warum wird Vögeln im Gegensatz zu Menschen „die Luft nicht knapp“?

Vögel sind durch ihr Atmungssystem an das Fliegen angepasst.

Wusstest du schon…

Flugarten		
Fliegen ohne Flügelschlag		
Segelflug		Vogel kreist mit ausgebreiteten Flügeln im Aufwind, fliegt nach oben (z.B. *Roter Milan, Mäusebussard, Weißstorch)*
Gleitflug		Vogel fliegt mit ausgebreiteten Flügeln allmählich schräg nach unten (z.B. *Albatros, Schwalbe, Möwe*)
Fliegen mit Flügelschlag 		
Ruder- oder Schwingenflug		Vogel erzeugt durch abwechselndes Auf- und Abbewegen der Flügel Auftrieb und Vortrieb; fliegt vorwärts (z.B. *Gartenrotschwanz, Taube, Grünspecht, Kranich*)
Rüttelflug (Ruderflug auf der Stelle)		Vogel bewegt sich durch Auf- und Abschlagen der Flügel an einer Stelle in der Luft (Ausschau nach Beute); Es wird Auftrieb, kein Vortrieb erzeugt. (z.B. *Turmfalke, Fischadler, Mäusebussard*)
Schwirrflug		Vogel bewegt sich durch extrem hohe Anzahl von Flügelschlägen auf einer Stelle *(Kolibri)*

Aufgaben

1 Erkläre, warum Vögel auf eine hohe Ausnutzung des Sauerstoffgehaltes der Luft angewiesen sind. ↗ S. 32

2 Vergleiche die Lungen von Eidechse, Rotkehlchen und Feuersalamander. ↗ S. 23

Vögel auf Futtersuche

Eine Kohlmeise wiegt 5–6 g.
Sie nimmt täglich 6–8 g Nahrung zu sich.
Wozu benötigt sie solche Mengen an Nahrung?

Fliegen erfordert viel Energie. Gerade kleine Vögel müssen deshalb sehr große Nahrungsmengen zu sich nehmen. Außerdem fressen Vögel besonders e**nergiereiches Futter.**

Vögel können Körnerfresser, Pflanzenfresser, Fleischfresser oder Allesfresser sein. Jede Vogelart nimmt spezielle Nahrung auf. Die Schnäbel sind entsprechend geformt. Die unterschiedlichen **Schnabelformen** sind an den Nahrungserwerb angepasst.

- Nenne zwei Beispiele. Nutze dazu die Abbildungen auf Seite 107.

Große Nahrungsmengen wiegen viel. So erfolgt die Verdauung sehr rasch und Reste werden schnell wieder ausgeschieden. Darum weist das **Verdauungssystem** der Vögel einige **Besonderheiten** auf.
Bei vielen Vögeln erweitert sich die Speiseröhre beutelartig zu einem **Kropf.** In diesem wird harte Nahrung durch Wasser und Sekrete aufgeweicht.
Da Vögel keine Zähne haben, können sie die Nahrung nicht im Schnabel zerkleinern. Diese Aufgabe übernimmt der **Muskelmagen.** Oftmals unterstützen kleine Steinchen im Magen das Zerkleinern der Nahrung.

Vögel benötigen viel und sehr energiereiche Nahrung. Ihr Schnabel und das Verdauungssystem sind an ihre Nahrung angepasst.

Graureiher
- Schnabel sehr lang, spitz und kräftig
- benutzt seinen Schnabel als Pinzette ⟶ Nahrung wird im Wasser ergriffen

Nahrung: Fische, Frösche

Habicht
- Schnabel hakenförmig gekrümmt mit Spitze, Seiten sehr scharf
- benutzt den Schnabel wie eine Gartenschere ⟶ Nahrung wird in Stücke zerteilt

Nahrung: Mäuse,Hasen

Rauchschwalbe
- Schnabel kurz und sehr breit
- benutzt ihren Schnabel als Fangnetz ⟶ Nahrung wird im Flug ergriffen

Nahrung: Insekten

Kernbeißer
- Schnabel kegelförmig und kräftig
- benutzt seinen Schnabel als Zange ⟶ Nahrung wird zerbissen (geknackt)

Nahrung: hartschalige Samen

Aufgaben

1 Ermittle jeweils einen Vogel, der ein Fleischfresser, ein Körnerfresser, ein Pflanzenfresser bzw. ein Allesfresser ist.

2 Zerreibe grobe Pflanzenteile zwischen zwei Steinen. Leite die Funktion der Steinchen im Muskelmagen ab.

3 Beschreibe die Nahrungsaufnahme der Stockente. Nutze das Internet oder eine Bibliothek. ↗ S. 13

4 Versuche, mit einer Pinzette Kerne zu knacken. Beschreibe dein Ergebnis. Übertrage deine Beobachtung auf den Zusammenhang zwischen Schnabelform und Nahrung beim Kleiber.

5 Vergleiche weitere Schnabelformen mit Gegenständen, beispielweise:
Specht ⟶ Meißel,
Pelikan ⟶ Beutel.

Wusstest du schon…

Der Vogelzug

Im Herbst verlassen Zehntausende Vögel die Brutgebiete Nord- und Mitteleuropas.
Zugvögel finden im Winter durch die Kälte nicht mehr genug Nahrung. So legen *Rauchschwalbe, Bachstelze, Weißstorch, Kranich* und *Kuckuck* weite Strecken zurück. Ihre Winterquartiere befinden sich in Afrika.
Den „Startschuss" zum Aufbruch gibt die „innere Uhr" des Vogels. Als Auslöser wirken u.a. die abnehmende Tageslänge, das veränderte Klima und das aktuelle Nahrungsangebot. Die einzelnen Vogelarten starten zu unterschiedlichen Zeiten.
Während des Fluges orientieren sich die Vögel am Magnetfeld der Erde, an den Sternen oder an der Sonne. Auch bekannte Rastplätze der Vögel können zur Orientierung beitragen. Im Sommer angelegte Fettreserven dienen als „Reiseproviant". Damit diese Reserven geschont werden, nutzen viele Vogelarten spezielle Flugformationen. So fliegen *Kraniche* in Keilformation. Diese Anordnung mindert den Luftwiderstand und jeder beteiligte Vogel spart über 20 % Energie gegenüber dem Einzelflug.

Erforsche es

Den Vögeln auf der Spur

Nur die Hälfte aller einheimischen Vögel sind Zugvögel. *Sperling, Elster* und *Amsel* bleiben im Winter bei uns. Sie sind **Standvögel.** *Rotkehlchen* und *Lachmöwe* fliegen nur kurze Strecken. Sie sind **Teilzieher.** Du kannst also immer Vögel beobachten, selbst im tiefsten Winter.
Stets gilt die Regel: **Verhalte dich leise und vermeide schnelle Bewegungen.** Notiere Datum, Uhrzeit und Ort der Beobachtung und erkunde anschließend folgende Merkmale und Verhaltensweisen:

Nahrungserwerb
Was frisst der Vogel? Wie geht er vor?

Lautäußerungen
Welche Laute gibt der Vogel von sich?

Gefiederfarbe und -zeichnung
Welche Färbung besitzen die einzelnen Körperabschnitte?

Gestalt
Wie ist der Körper gebaut? Welche Form hat der Schnabel? Wie sieht der Schwanz aus?

Größe
Wie groß ist der Vogel etwa? Wie ist die Größe im Vergleich zu…?

Fortbewegung
Welches Flugverhalten zeigt der Vogel? Wie bewegt er sich am Boden fort? (bei Wasservögeln: Fortbewegung im Wasser)

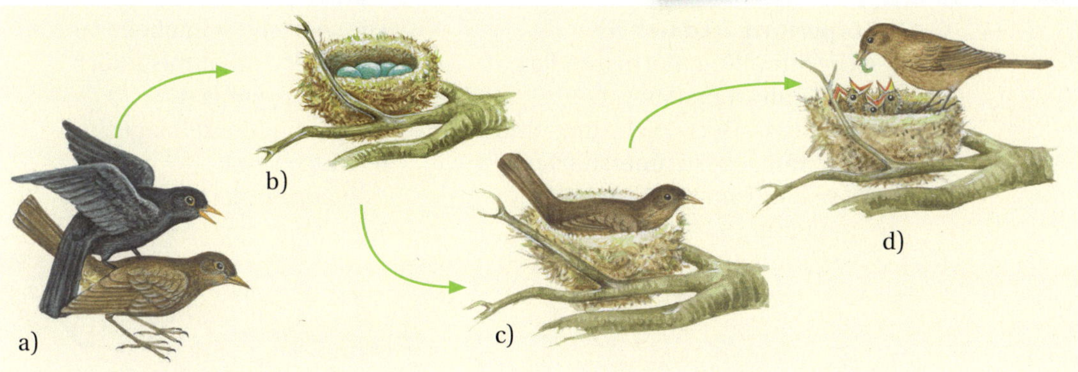

Erforsche, wie sich Vögel fortpflanzen.

Das hast du gelernt

Der Vogel – angepasst an das Fliegen

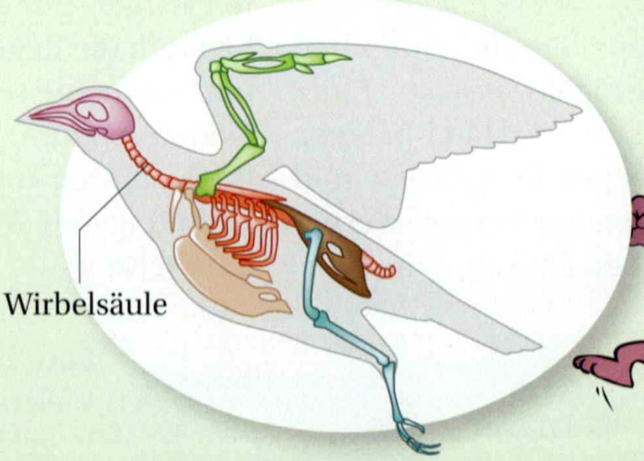

Bewegungsapparat
- Knochengerüst mit luftgefüllter Wabenstruktur verringert das Gewicht.
- Zu Flügeln umgebildete Vordergliedmaßen bilden zusammen mit Federn die Flugfläche.

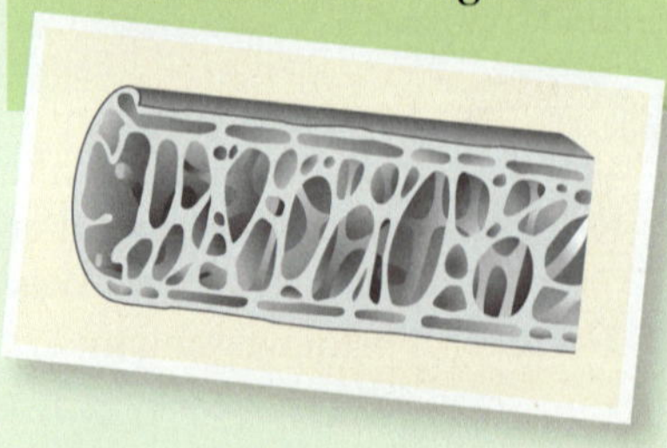

Atmung
- Die Lunge mit Luftröhrchen und Luftsäcken ermöglicht die doppelte Ausnutzung der Atemluft.
- Luftsäcke dienen der Vergrößerung des Atemvolumens.

Körperform und Gefieder
- Die Stromlinienform mindert den Luftwiderstand.
- Daunen-, Deck-, Schwung- und Schwanzfedern unterstützen den Flug und haben Schutzfunktion.

Ernährung
- Die spezielle Schnabelform dient der Aufnahme großer Nahrungsmengen.
- Kropf und Muskelmagen unterstützen eine schnelle Verdauung.

Löse mit Köpfchen

1. Nimmersatt

a) Weißstorcheltern bringen ihren Jungen an einem Tag etwa 125 Mäuse, einen Maulwurf, 234 Regenwürmer, 470 sehr kleine Insekten, 30 Käfer und drei Frösche. Berechne die Gesamtzahl der Beutetiere und zähle auf, in welchen Lebensräumen der Weißstorch solche Nahrung finden kann.
Leite ab, wie Störche am besten geschützt werden können.

b) Ordne in die Tabelle Schleiereule, Storch, Stieglitz, Haushuhn, Gimpel, Zilpzalp, Grünfink, Kernbeißer und Dohle ein.

Fleischfresser	Allesfresser	Pflanzenfresser

2. Geschmäcker sind verschieden

a) Erkläre, welchen Vorteil es hat, dass die einzelnen Vogelarten unterschiedliche Nahrung zu sich nehmen. ↗ S. 32

b) Suche im Internet oder in Büchern nach Erläuterungen der Begriffe Gewölle, Horst und Kröpfen.

3. Willkommen zu Hause!

a) Der Buntspecht ist nicht nur durch seine Schnabelform an seine Ernährung angepasst. Findet mindestens fünf weitere Merkmale. Nutzt das Internet oder nehmt Bücher zu Hilfe.

b) Erläutert die Angepasstheit des Pinguins an seinen Lebensraum.

4. In luftigen Höhen

a) Erkläre, wie der Vogel die Atemluft optimal nutzt. ↗ S. 32

b) Können alle Vögel fliegen? Recherchiere mit deinem Lernpartner oder deiner Lernpartnerin.

c) Benenne die Vögel und ordne in Standvögel, Teilzieher und Zugvögel.

Wirbeltiere im Vergleich

Wirbeltiere bevölkern beinahe alle Lebensräume der Erde. Vergleichst du sie, kannst du trotz der großen Vielfalt erstaunliche Gemeinsamkeiten entdecken.

Fische findest du nur im Wasser. Ihre Atmungsorgane, ihr Körperbau und ihre Körperbedeckung ermöglichen ihnen ein Leben in den unterschiedlichen Gewässern.
Säugetiere können hingegen sowohl Lebensräume an Land als auch im Wasser besiedeln. Sie atmen durch Lungen und ihre Körperbedeckung ist eigentlich für das Landleben besonders gut geeignet.
Trotzdem leben einige Spezialisten unter ihnen im Wasser, wie beispielsweise die *Delfine.* Ihre Körperform und der Bau ihrer Gliedmaßen unterstützen ihre Lebensweise.

Wirbeltiere sind an ihre Lebensräume und an ihre Lebensweise angepasst.

Vergleichst du einmal Wirbeltiere mit einer ähnlichen Ernährungsweise, kannst du erstaunliche Gemeinsamkeiten entdecken.
So lebt der *Hai* räuberisch, ebenso wie ein *Gepard.*
Dazu müssen beide Tiere sehr schnell sein. Ihre schlanke Körperform unterstützt ihre Fortbewegung. Beide haben einen ausgeprägten Geruchssinn. Sowohl der *Hai,* als auch der *Gepard* haben ein Gebiss, das den Beutefang und das Töten der Beute ermöglicht.

Natürlich findest du auch eine Menge Unterschiede. Immerhin gehören beide Tiere unterschiedlichen Wirbeltierklassen an und sind völlig verschieden gebaut.

Aufgaben

1 Wähle dir zwei Tiere aus der gleichen Wirbeltierklasse, aber mit unterschiedlicher Lebensweise aus. Vergleiche diese beiden Tiere miteinander. ↗ S. 23

2 Wähle dir zwei Tiere aus unterschiedlichen Wirbeltierklassen, aber mit ähnlicher Lebensweise aus. Vergleiche diese beiden Tiere miteinander. ↗ S. 23

So kannst du vorgehen

Präsentieren mit Lernplakaten

Die auf den Karten abgebildeten Tiere sind dir sicher bekannt. Bestimmt kannst du sie auch einer Wirbeltierklasse zuordnen.
Du weißt, wie ein Fisch, ein Lurch, ein Kriechtier, ein Vogel oder ein Säugetier aussieht.
Die Zuordnung zu einer Wirbeltierklasse erfolgt aufgrund gemeinsamer Merkmale, die alle Vertreter einer Wirbeltierklasse kennzeichnen.

Aufgabe: *Stelle die kennzeichnenden Merkmale der Wirbeltierklassen in einem Lernplakat dar.*

Um ein Lernplakat anzufertigen, kannst du schrittweise vorgehen.

▶ Schritt 1

Suche nach einer interessanten Überschrift.

Jedes Poster hat eine Überschrift. Sie soll sofort über den Inhalt informieren und Neugier beim Betrachter wecken.

▶ Schritt 2

Lege eine Materialsammlung an.

Alles, was zum Thema passt – Texte und Abbildungen – wird zunächst einmal gesammelt.

▶ Schritt 3

Wähle geeignete Abbildungen und Texte aus.

Poster leben von Fotos, Grafiken und Skizzen. Wähle deshalb aussagekräftigen Abbildungen aus deiner Sammlung aus. Setze Texte möglichst sparsam ein.

▶ Schritt 4

Ordne die Inhalte.

Ordne die Abbildungen und Texte übersichtlich an. Kennzeichne mit gleichen Schriftarten, Farben und Formen, was inhaltlich zusammengehört.
Beachte:
Teste die Lesbarkeit aus einer größeren Entfernung. Achte jedoch darauf, dass das Poster nicht überladen wirkt. Nenne deine verwendeten Informationsquellen.
Ein mögliches Lernplakat findest du auf der nächsten Seite.

Das hast du gelernt

Leben mit Wirbelsäule

Vogel
- Lungen mit Luftröhrchen und Luftsäcken
- gleichwarm
- Federkleid
- innere Befruchtung ⟶ Eiablage

Kriechtier
- gekammerte Lungen
- wechselwarm
- Hornplatten/-schuppen
- innere Befruchtung ⟶ Eiablage

Säugetier
- Lungen mit Lungenbläschen
- gleichwarm
- Fell
- innere Befruchtung ⟶ lebend geborene Junge

Wirbeltiere (gemeinsame Merkmale: Skelett mit Wirbelsäule)

Lurch
- sackförmige Lungen, Hautatmung
- wechselwarm
- feuchte, nackte Haut
- äußere (innere) Befruchtung ⟶ Eiablage ⟶ Metamorphose

Fisch
- Kiemen
- wechselwarm
- Knochenschuppen
- äußere Befruchtung bei der Eiablage

Löse mit Köpfchen

1. Wer? Wie? Was?

a) Ordnet folgende Tierarten den entsprechenden Wirbeltierklassen zu.

b) Erstellt eine geeignete Übersicht und ordnet folgende Tierarten ein: Habicht, Rotbauchunke, Heilbutt, Boa, Salamander, Hamster, Blindschleiche, Leguan, Elefant, Stör, Erdkröte, Hai, Kranich, Hase, Ringelnatter, Schildkröte, Aal, Krokodil, Rotkehlchen, Delfin, Goldammer und Fledermaus.

Findet weitere Beispiele:

Feuchtlufttier	Trockenlufttier
Moorfrosch	Chamäleon

2. Wieso? Weshalb? Warum?

a) Nur die Lunge der Vögel besitzt Luftsäcke. Das ist eine wichtige Anpassung an das Fliegen. Begründe. ↗ S. 55

b) Vergleiche die Vordergliedmaßen der Wirbeltiere. Stelle einen Zusammenhang zwischen Bau und Funktion dar. ↗ S. 23

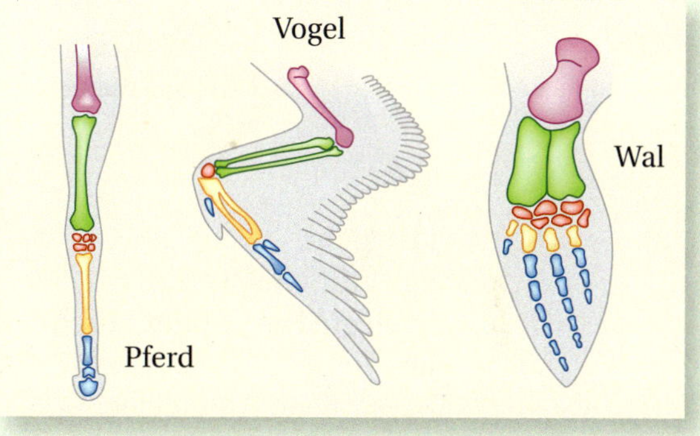

c) Stelle einen Zusammenhang zwischen der Körperbedeckung der Wirbeltiere und ihren Lebensräumen her.

3. Wer nicht fragt, …

Informiert euch jeweils über ein/ einen bedrohten Fisch, Lurch, Kriechtier, Vogel und Säugetier Sachsen-Anhalts näher und stellt die Informationen in einem Steckbrief zusammen. Findet heraus, was ihr tun könnt, um den Wirbeltieren zu helfen.

3 Teste dich selbst

Wähle aus.

1 Die Zauneidechse ist ein
- A Feuchtlufttier.
- B Trockenlufttier.
- C Wassertier.

2 Innere Befruchtung gibt es bei
- A 
- B 
- C 

3 Was ist Laich?
- A abgestorbene Tiere
- B abgelegte Fisch- oder Lurcheier
- C abgestoßene Hautfetzen

4 Was ist Befruchtung?
- A Eindringen der Samenzelle in die Eizelle
- B Aufeinanderpressen der Kloaken beim Haushuhn
- C das Tragen der männlichen Frösche zum Laichgewässer

5 Welche Körperform bietet der Umgebung wenig Widerstand?
- A kugelförmig
- B stromlinienförmig
- C zylindrisch

6 Die Schuppen der Fische sind aus
- A Knochen.
- B Horn.
- C Knorpel.

7 Die Blindschleiche gehört zu den
- A Echsen.
- B Schlangen.
- C Krokodilen.

8 Der Fisch ist ein
- A Lungenatmer.
- B Hautatmer.
- C Kiemenatmer.

9 Welches Tier gehört zu den einheimischen Schlangen?
- A Schlingnatter

- B Kreuzotter

- C Klapperschlange

Beantworte ausführlich.

1 Lurche sind sowohl an das Leben im Wasser als auch an das Leben an Land angepasst. Belege diese Aussage. Nenne entsprechende Merkmale des Körperbaus.

2 Bei starker Hitze im Sommer ist in kleinen Gewässern nicht mehr genug Sauerstoff vorhanden. Die Fische schwimmen an die Wasseroberfläche und schnappen nach Luft. Erkläre, warum trotzdem viele Fische sterben.

3 Tom geht um 9 Uhr in den Garten. Auf einer Mauer steht ein Kübel mit Erdbeerpflanzen. Tom erkennt im Schatten des Kübels einen Salamander. Bei genauem Hinsehen bemerkt er auch eine Eidechse, die auf der sonnigen Mauer sitzt. Plötzlich naht ein großer Vogel. Wieselflink ist die Eidechse verschwunden. Der Salamander kommt jedoch kaum vom Fleck und wird gefressen. Tom fragt sich, warum der Salamander nicht auch weggerannt ist. Wie würdest du es ihm erklären?

4 a) Ordne die Abbildungen der Körperbedeckungen den richtigen Wirbeltierklassen zu.

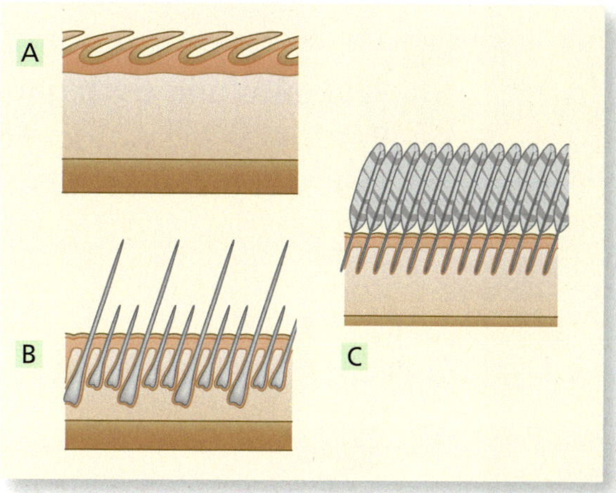

b) Vergleiche die Körperbedeckungen hinsichtlich ihrer Funktionen.

5 Vögel besitzen keine Schweißdrüsen. Sie haben nur einen Eierstock (nicht zwei) und außerhalb der Brutsaison zurückgebildete Geschlechtsorgane. Begründe.

6 Vertreter aller Wirbeltierklassen sind durch den Einfluss des Menschen bedroht.
a) Nenne Beispiele dafür.
b) Bewerte die Aussage.

4 Wirbellose in unterschiedlichen Lebensräumen

1 Wirbellos und doch ganz mobil
Beschreibe die Art der Fortbewegung der wirbellosen Tiere auf dieser Seite.

2 Süßer Aufstrich

Honig ist ein Produkt der Honigbiene. Informiere dich, wie die Biene diesen Honig gewinnt. Schreibe eine kleine Geschichte zum Thema: „Ein Tag im Leben einer Honigbiene".

3 Im Boden verborgen

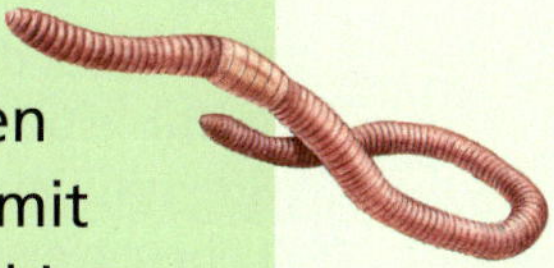

Suche im Garten oder auf einer Wiese nach Spuren eines Regenwurms. Grabe ihn aus. Betrachte ihn mit bloßem Auge und mit der Lupe. Beschreibe und skizziere den Regenwurm.
Achtung: Halte den Regenwurm feucht und schütze ihn vor direktem Sonnenlicht. Setze ihn nach der Beobachtung auf weiche Erde, damit er sich verkriechen kann.

4 Plagegeister

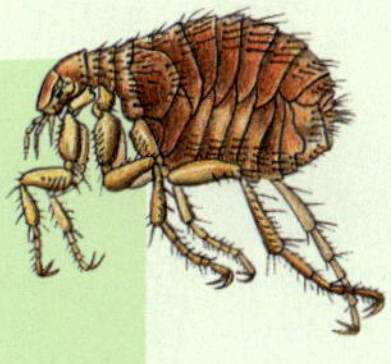

Du beobachtest, dass ein Hund sich des Öfteren kratzt? Welcher Plagegeist könnte für das Verhalten des Hundes verantwortlich sein?
Ermittle weitere wirbellose Plagegeister.

5 Plagegeist oder nicht?

Diskutiert, ob der Kohlweißling ein „Schädling" ist.

Wirbellose Tiere zum Staunen

Suche in deiner Umgebung wirbellose Tiere. Du wirst über ihre Vielfalt erstaunt sein.

Gegenwärtig sind über 1 Million Arten wirbelloser Tiere bekannt. Wirbeltiere hingegen gibt es nur etwa 48 000. Schon an diesen Zahlen kannst du erkennen, dass wirbellose Tiere in der Natur eine große Bedeutung haben. Sie erfüllen infolge ihrer jeweiligen Lebensweise in ihrem Lebensraum wichtige Funktionen.
In deiner Umgebung entdeckst du ganz verschiedene wirbellose Tiere. Da gibt es *Schnecken, Asseln, Silberfischchen, Spinnen, Tausendfüßer, Käfer* und viele andere.
Vergleichst du ihren Bau, kannst du keine gemeinsamen Merkmale wie bei den Wirbeltieren feststellen. Der Biologe ordnet die Wirbellosen noch einmal in viele verschiedene Gruppen (Insekten, Spinnentiere usw.).
Viele bekannte Arten gehören zu den Insekten.

Zu den Wirbellosen gehören viele unterschiedliche Tierarten. Jede ist in der Natur von Bedeutung.

Aufgabe

Erstellt Steckbriefe für die wirbellosen Tiere, die ihr in eurer Umgebung entdeckt habt.

Erstaunliche Leistungen von Wirbellosen

Ein Floh springt 20 cm hoch und 35 cm weit. Und das bei einer Größe von nur 2 mm!

Eine Blattschneiderameise kann das 10-fache ihres Gewichts tragen.

Ein 30 g schwerer Blutegel kann 150 g Blut saugen. Die Mahlzeit reicht 1 Jahr lang.

Steckbrief

Die Kreuzspinne – ein Spinnentier

Lebensraum
- Wiesen, Hecken und Wälder

Merkmale
- Körper gegliedert in Kopfbrust und Hinterleib; 4 Beinpaare
- lebt räuberisch, fängt ihre Beute mit einem Radnetz
- Weibchen legt Eier, aus denen sich die Jungtiere entwickeln.

Steckbrief

Die Rote Waldameise – ein Insekt

Lebensraum
- besonnte Stellen in Wäldern

Merkmale
- Körper gegliedert in Kopf, Brust und Hinterleib; 3 Beinpaare
- lebt im Tierstaat mit vielen Artgenossen
- unterschiedliche Formen: Weibchen (Königin), Männchen, Arbeiterinnen

Steckbrief

Der Fuchsbandwurm – ein Plattwurm

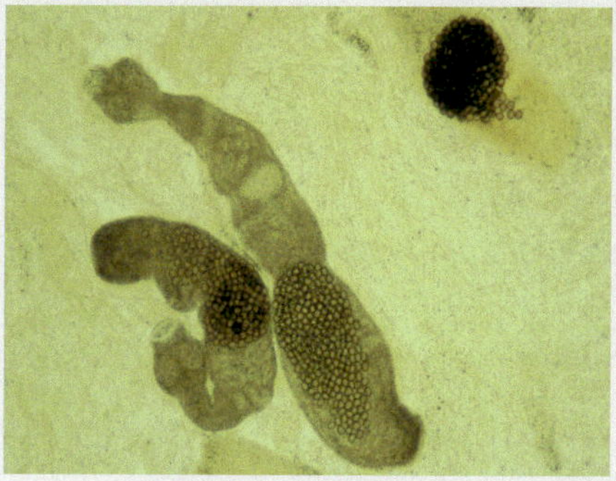

Lebensraum
- Darm von Fuchs, Hund und Katze; Larven entwickeln sich z. B. in Mäusen

Merkmale
- nur 3 mm lang, nur drei oder vier Körperabschnitte, reduzierte innere Organe
- Entwicklung der Larven im menschlichen Körper führt zu schweren Organschäden.

So kannst du vorgehen

Arbeiten mit einem Schreibgitter

Oft werdet ihr aufgefordert, in einer **Lerngruppe** Fakten und Sachverhalte zu erarbeiten.

Aufgaben:
1) *Erläutert, wie ein Ameisenbau aufgebaut ist.*
2) *Findet heraus, welche Ameisenformen es im Ameisenstaat gibt und welche Funktionen sie jeweils haben.*

Für euch heißt das:
- Findet eigene Lösungen.
- Erklärt euch gegenseitig die Lösungsansätze.
- Stellt gemeinsam gefundene Lösungen der Klasse vor.

Da kann es hilfreich sein, ein Schreibgitter zu nutzen.

► Schritt 1

Erfasst die Aufgabe.
Lest die Aufgabe genau durch.
Findet im Text Aussagen zum Ameisenstaat.

► Schritt 2

Löst die Aufgabe in Stillarbeit.
Jedes Gruppenmitglied formuliert vier wichtige Stichpunkte zur Lösung der Aufgabe.

Die Schwarze Wegameise

Eine Ameise ist selten allein. Schaust du genau hin, kannst du häufig sogar richtige Ameisenstraßen entdecken. Folgst du so einer Ameisenstraße, führt sie dich zum Nest. Der Eingang befindet sich oft in einer mit *Sandhäufchen bedeckten Steinfuge.*
Es handelt sich um ein System aus *zahlreichen Gängen und Kammern.*
Die Tiere bauen ihre Erdnester auch im Rasen oder zwischen den Stängeln verschiedener Pflanzen. Hier lebt das Ameisenvolk über mehrere Jahre.

Lebensraum

Im Hochsommer siehst du geflügelte Tiere vor den Nesteingängen. Dabei handelt es sich um die *Königinnen (Weibchen)* und die *Männchen.* Sie paaren sich auf dem „Hochzeitsflug". Die Königinnen speichern einen Vorrat an *Samenzellen,* der für ihre gesamte Lebenszeit reicht.
Nach dem Ausflug sterben die Männchen. Die Weibchen kehren ins Nest zurück und verlieren ihre Flügel.

Funktion der Geschlechtstiere

Ein Ameisenvolk hat einige Hundert fruchtbare Weibchen. Nur diese Tiere können Eier legen.

Die *Arbeiterinnen* sind auch weibliche Tiere. Ihre Geschlechtsorgane sind jedoch verkümmert. Arbeiterinnen übernehmen verschiedene Funktionen im Ameisenstaat. *Pflegerinnen* versorgen die Eier, Larven und Puppen. *Sammlerinnen* erkunden die Umgebung und schleppen z.B. Raupen oder Samen als Nahrungsquelle heran. Sie sammeln auch die zuckerhaltigen Ausscheidungen von Blattläusen. *Bauarbeiterinnen* transportieren Baumaterial, reparieren Löcher und sorgen für die Umschichtung im Bau. *Wächterinnen* verteidigen die Eingänge zum Nest. Sie besitzen besonders stark ausgebildete Kieferzangen. Außerdem können sie Angreifer mit Ameisensäure bespritzen.

Bau und Funktion der Arbeiterinnen

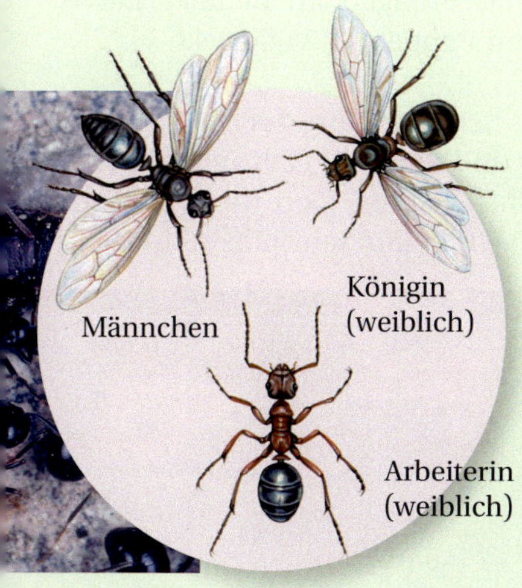

► Schritt 3

Tauscht die Lösungen in der Gruppe aus.

Diktiert eurem Gruppenleiter eure erarbeiteten Aussagen und erstellt euer gemeinsames Schreibgitter.

Schüler 1 - Sandhäufchen - Königinnen (Weibchen), Männchen - Arbeiterinnen - verschiedene Funktionen	Schüler 3 - Königinnen sind Weibchen - legen Eier - Männchen begatten sie - Arbeiterinnen haben verschiedene Funktionen
Schüler 2 - zahlreiche Gänge und Kammern - unter der Erde - Ameisenstraße - Ameisenvolk lebt viele Jahre in dem Bau	Schüler 4 - Arbeiterinnen haben verschiedene Funktionen - Pflegerinnen, Sammlerinnen, Bauarbeiterinnen, Wächterinnen - verkümmerte weibliche Geschlechtsorgane - Wächterinnen haben besondere Kieferzangen

► Schritt 4

Diskutiert die Lösungen in der Gruppe.

Vergleicht eure Lösungsansätze und einigt euch auf vier gemeinsame, von allen akzeptierte Aussagen.

► Schritt 5

Tragt die Ergebnisse der verschiedenen Gruppen zusammen.

Die jeweiligen Gruppenleiter tragen die Ergebnisse der Gruppe in ein zentrales Schreibgitter ein.

Wenn Puppen aus der Haut fahren

Diese Beobachtung ist selten und erfordert eine Menge Kenntnisse und Geduld. Vermute, was da passiert.

Ein überraschendes Erlebnis

„Iiihhh! Was fliegt denn in deinem Zimmer herum?“ ruft Laura erschrocken. Die Tiere sehen beinahe aus wie übergroße Motten.
Die Insekten lassen sich leicht fangen und Theresa kann sich auch denken, woher die Schmetterlinge plötzlich kommen. Sie hatte erst kürzlich frisches Heu in die Raufe ihres Meerschweinchens getan und vermutet nun einen Zusammenhang. Und wirklich!
Als sie auf dem Käfigboden nachschaut, entdeckt sie noch längliche, rotbraune Gebilde.
Nun ist für sie alles klar und sie kann ihre Schwester beruhigen.

■ Ist dir auch alles klar? Erkläre, was passiert ist.

Die Entwicklung eines Schmetterlings ist spannend. Aus den **befruchteten Eiern** schlüpfen **Raupen.** So heißen die Larven von Schmetterlingen. Sie sehen ganz anders aus als das erwachsene Tier. Meist ernähren sie sich von Pflanzenteilen. Sind die Raupen groß genug, verwandelt sich jede in eine fast bewegungslose **Puppe.** In der Puppe entwickelt sich der **Schmetterling,** der eines Tages schlüpft.

> Die Entwicklung des Schmetterlings erfolgt vom Ei über Larve und Puppe zum Vollinsekt.

Der Schmetterling breitet die Flügel aus und fliegt auf Nahrungssuche zur nächsten Blüte. Dort trinkt er Nektar. Dabei hilft ihm sein langer Rüssel.

Die Entwicklung des Kohlweißlings (vollständige Metamorphose)

befruchtete Eier → Raupe (Larve) → Puppe → Vollinsekt (Schmetterling)

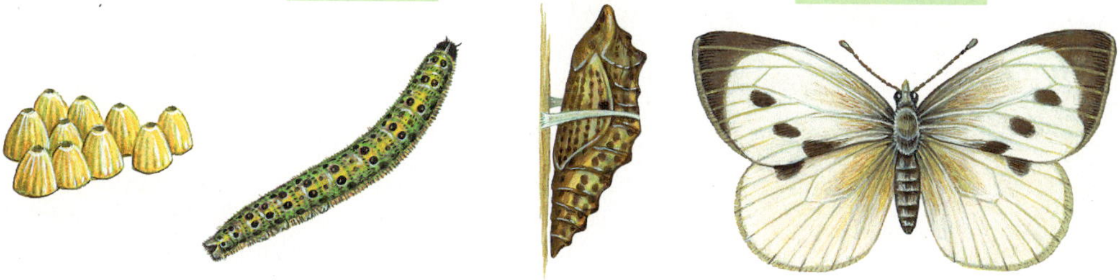

Schreibe einen Bericht über die Entwicklung des Kohlweißlings.

Aufgaben

1 Für die Nagetiere unter den Haustieren kannst du Heu in Zoohandlungen kaufen. Informiere dich, welche Wiesenpflanzen im Heu enthalten sind.

2 Nicht alle Insekten verwandeln sich während ihrer Entwicklung vollständig. Beschreibe die Entwicklung der Heuschrecke. Wie verändert sich das Tier von Häutung zu Häutung? ↗ S. 13

3 Stelle die Entwicklung einer Stubenfliege schematisch dar. Ordne den Bildern Begriffe aus obigem Schema zu.

Springen, graben, schwimmen – Spezialisten unter den Insekten

Hast du schon einmal versucht, einen Grashüpfer zu fangen? Warum das nicht einfach ist, erkennst du schon am Namen.

Feldheuschrecken werden oft als Grashüpfer bezeichnet, weil sie sich springend fortbewegen. Dazu stoßen sie sich mit ihren kräftigen **Sprungbeinen** ab. Die Hinterbeine der Heuschrecken sind entsprechend gebaut. Zum Landen breiten sie die Flügel aus und gleiten auf Pflanzenhalme nieder.

So wie Heuschrecken sind viele Insekten an ihre Fortbewegung angepasst. Insbesondere ihre Beine sind entsprechend gebaut und unterstützen so eine besondere Funktion (z. B. das Schwimmbein des Gelbrandkäfers).

> Der Bau der Insektenbeine ist an die Fortbewegung angepasst.

Die Beine der Heuschrecken haben jedoch noch eine andere Funktion: Reiben die Tiere mit den Hinterbeinen über ihre Flügel, erzeugen sie Töne. Dir ist bestimmt schon einmal das Zirpen aufgefallen. Mit diesen Tönen locken die Männchen Weibchen an.

Bau			Funktion	
Das Bein ist schaufelartig, kompakt gebaut.	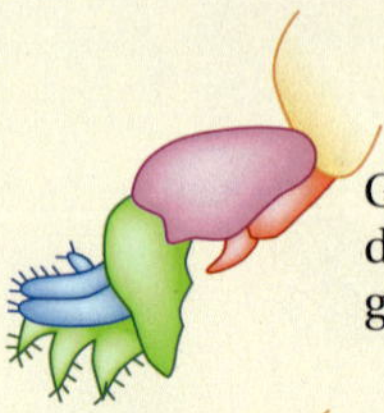	Grabbein der Maulwurfsgrille	Das Grabbein dient zum Lockern und Wegschaufeln von Erde.	
Das Bein ist paddelartig und abgeflacht, mit Borsten besetzt.	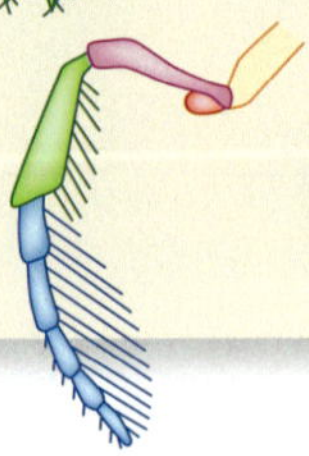	Schwimmbein des Gelbrandkäfers	Das Schwimmbein wirkt im Wasser wie ein Ruder.	

Erforsche es

Musikanten im Gebüsch

1. Aufgabe:
Fertigt von eurem Garten oder vom Schulgelände einen Plan an, in den ihr alle Büsche und Bäume einzeichnet.

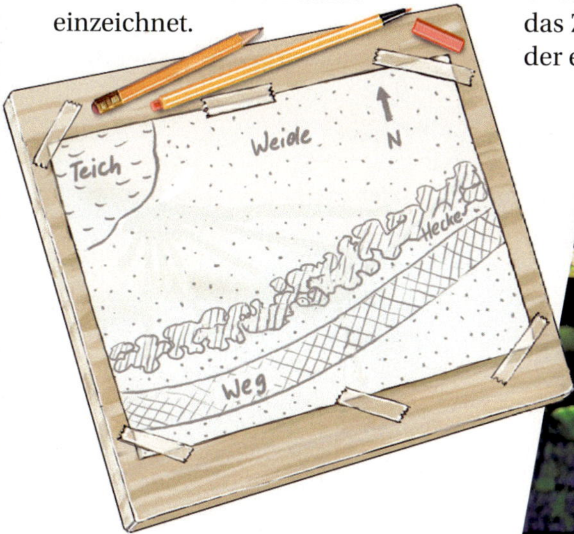

Ermittelt, welcher Baum oder Busch einem Heuschreckenmännchen als Hochsitz dient. Tragt eure Ergebnisse in die Skizze ein.

2. Aufgabe:
Belauscht auf einer Wiese verschiedene Heuschrecken.
Untersucht, wie lange es dauert, bis das Zirpen nach einer Störung wieder einsetzt.

Aufgaben

1 Erläutere die Anpassung der Insekten an ihre Fortbewegung. Nutze dazu die Abbildung auf der vorigen Lehrbuchseite.

2 Recherchiere weitere Beispiele für besondere Funktionen der Beine bei Insekten.

3 Sammelt Informationen über Insekten, die ebenfalls Zirplaute erzeugen. Erstellt eine Tabelle. Nehmt folgende Punkte auf: Lebensraum, Nahrung, Art und Weise der Erzeugung der Zirplaute.

Das hast du gelernt

Wirbellose Tiere, die uns erstaunen

Bei vielen wirbellosen Tieren erfolgt während der Entwicklung ein Gestaltwandel. Es existieren verschiedene Jugendstadien. Wir unterscheiden die

vollkommene Verwandlung und die **unvollkommene Verwandlung.**

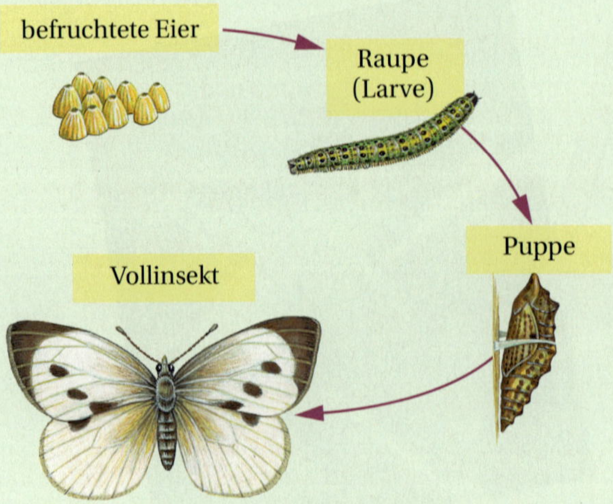

Der Bau der wirbellosen Tiere ist an ihre Lebensweise angepasst.

Anpassung an die Art der Fortbewegung

Beispiel: Floh

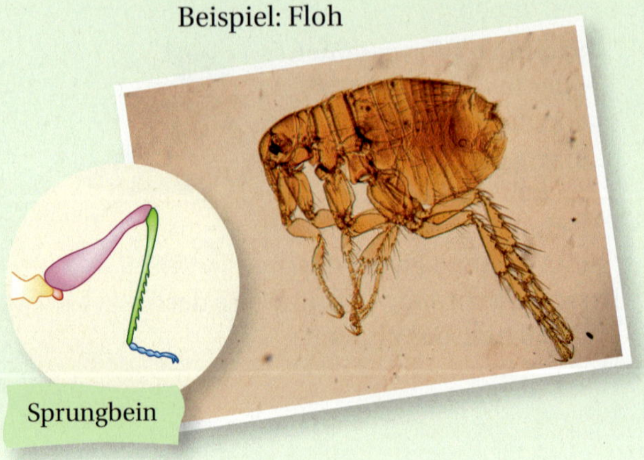

Anpassung an die Funktion in einem Tierstaat

Beispiel: Ameisen

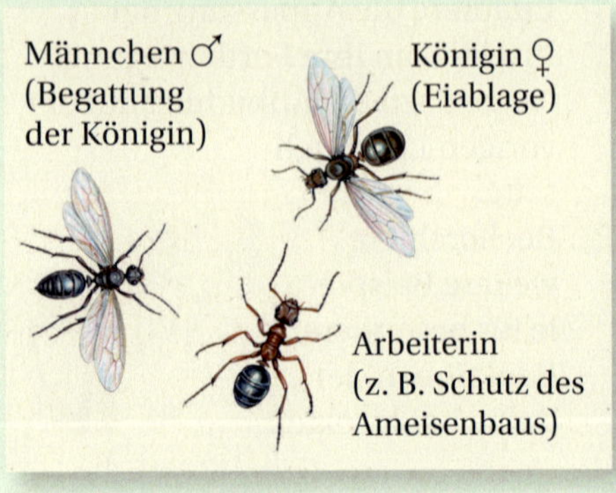

Löse mit Köpfchen

1. Genau hingeschaut

Interpretiere die Abbildung. Beschreibe die Entwicklung von Hornissen.
↗ S. 13

2. Tierstaaten im Blick

Termiten und Honigbienen leben wie Ameisen in einem Tierstaat.
Informiert euch über die Lebensweise dieser beiden Tierarten. Vergleicht sie. Leitet daraus Aussagen zum Tierstaat ab. Arbeitet mit einem Schreibgitter.
↗ S. 23, 122/123

3. Gibt es die Tiere wirklich?

Manchmal hörst oder liest du wirklich eigenartige Namen:

a) Finde heraus: Wahr oder gelogen?

b) Falls es die Tiere gibt, erkunde ihre Lebensweise. Vergleiche die Art der Ernährung bei Larven und ausgewachsenen Tieren.
↗ S. 23

4. Anpassung bei Bandwürmern

Du hast bestimmt schon von Bandwürmern gehört. Dabei handelt es sich um Parasiten. Diese leben auf Kosten eines unfreiwilligen Wirts.
Bandwürmer sind an ihre Lebensweise besonders gut angepasst.
Beschäftige dich mit ihrem Bau und ihrer Lebensweise.
Fertige ein Lernplakat an.
↗ S. 115

Regenwürmer – wichtige Helfer im Boden

In einem guten Boden sind viele Regenwürmer zu finden. Auf der Oberfläche siehst du sie selten. Warum halten sie sich lieber im Boden auf?

Regenwürmer haben eine dünne, feuchte und schleimige Haut. Das ist nötig, denn sie sind Hautatmer. Die Haut ist sehr empfindlich. *Regenwürmer* vertragen keine Sonneneinstrahlung und keine Trockenheit. Tagsüber halten sich die Tiere im kühlen und feuchten Erdboden auf.

Beobachtest du einmal, wie ein *Regenwurm* in der Erde verschwindet, wirst du über das Tempo erstaunt sein. Unter der Haut besitzt der *Regenwurm* einen sogenannten **Hautmuskelschlauch.** Diese Muskeln ermöglichen ihm die kriechenden Bewegungen. Außerdem hat er in jedem Körperabschnitt **Borsten,** mit denen er sich im Boden festhalten kann.

> Der Körper des Regenwurms ist an das Leben im Boden angepasst.

Regenwürmer haben auf Äckern, Wiesen und in Gärten große Bedeutung. Durch ihr Röhrensystem wird der Boden **aufgelockert und belüftet.** So können die Wurzeln der Pflanzen besser wachsen.
In der Nacht ziehen die Würmer Pflanzenteile in ihre Röhren, wo diese verrotten. Die Regenwürmer ernähren sich von den Resten. Dabei nehmen sie auch Erde auf. Ihre mineralstoffhaltigen Kothäufchen legen sie an der Erdoberfläche ab.
So tragen die *Regenwürmer* zur **Durchmischung** des Bodens und zur **Verbesserung der Bodenfruchtbarkeit** bei.

> Regenwürmer lockern, vermischen und düngen den Boden.

Erforsche es

Fortbewegung des Regenwurms

1. Aufgabe:
Untersuche, wie sich ein Regenwurm fortbewegt.

Durchführung:
Setze einen Regenwurm auf Papier. Beobachte seine Fortbewegung. Horche sehr genau auf Bewegungsgeräusche.

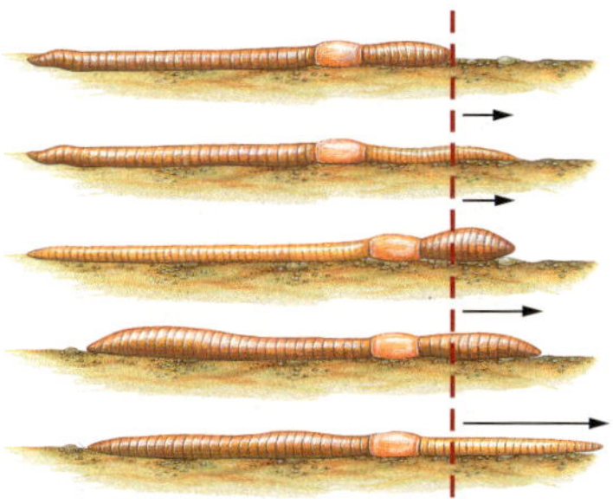

Beobachtung und Auswertung:
Beschreibe, wie sich der Regenwurm bewegt. Finde eine Erklärung für die Bewegungsgeräusche.

2. Aufgabe:
Untersuche, wie Regenwürmer den Boden durchmischen.

Durchführung:
a) Fülle ein Glas zu einem Drittel mit hellem Sand. Gib darüber ein Drittel Humuserde (Blumen- oder Gartenerde).
b) Lege auf den Humusboden einige grüne Blätter. Feuchte alles an.
c) Setze Regenwürmer in das Glas.
Kontrolliere jeweils nach einigen Tagen das Glas und feuchte dabei die Erde ein wenig an.

Beobachtung und Auswertung:
Beschreibe jeweils die Veränderungen.

Aufgaben

1 Der Regenwurm ist an seinen Lebensraum angepasst. Schreibe solche Anpassungen aus dem Text Seite 130 heraus.

2 Katrin meint: „Ihgitt, Regenwürmer sind eklig. In unserem Garten möchte ich am liebsten gar keinen haben." Was sagt ihr zu dieser Ansicht?

3 Welche Tiere fressen Regenwürmer? Ermittle mindestens drei Fressfeinde.

Die Blumenwiese – Treffpunkt von Biene und Co.

An einem schönen Sommertag werden die Blüten von vielen Insekten besucht. Was ist der Grund?

Du weißt bestimmt, dass z. B. die *Honigbienen* auf Nahrungssuche sind. Wie schaffen sie es aber, Nektar und Pollen (Blütenstaub) einzusammeln?
Eine Biene kann mit ihren **Augen** sehr gut Blütenfarben unterscheiden und mit ihren **Fühlern** den Nektargeruch wahrnehmen.
Um an den zuckerhaltigen Saft (Nektar) zu gelangen, klappt das Insekt seinen **Rüssel** aus und leckt die Flüssigkeit mit der **besonders geformten Zungenspitze** (Löffelchen) auf.

Sicher hast du auf dem Foto oben schon die „gelben Höschen" der Biene entdeckt. Die Biene hat **besonders gebaute Hinterbeine,** die das Sammeln der Pollen ermöglichen.

Bei jedem Blütenbesuch bleiben die klebrigen Pollenkörner auch auf anderen Körperteilen haften. So **überträgt** die Biene den **Pollen** von einer Blüte zur anderen. Dies ist eine wichtige Voraussetzung für die Bildung von Früchten und Samen.

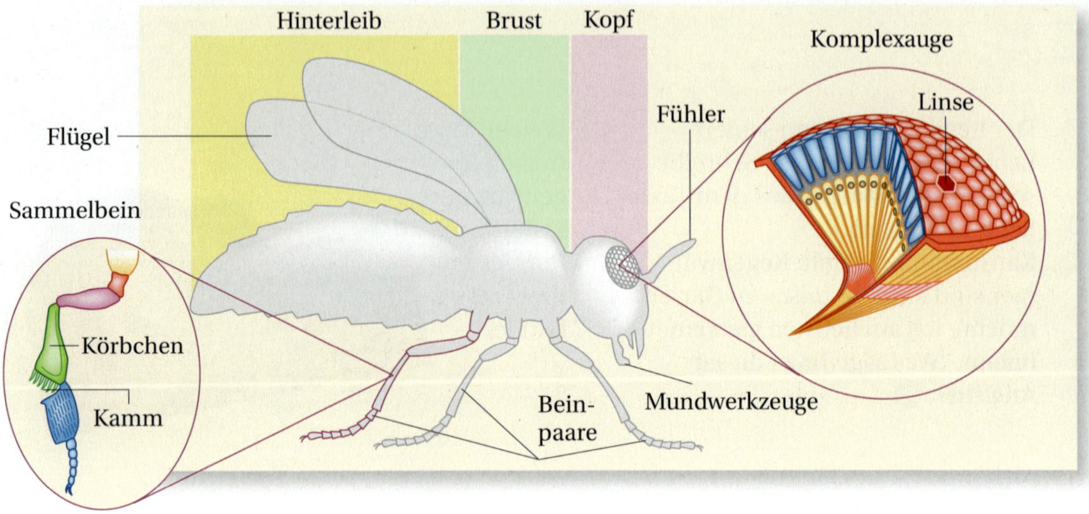

Erforsche es

Der Bau der Bienen

1. Aufgabe:
Du erhältst von deiner Lehrerin oder deinem Lehrer eine konservierte *Honigbiene*. Untersuche den Bau der Biene.
a) Lege die Biene auf eine helle Unterlage. Betrachte sie mit der Lupe. Fertige eine einfache Skizze an.
b) Zerlege die Biene mit Pinzette und Nadel in Kopf, Brust, Hinterleib, Flügel und Beine.
Klebe die Teile mit Klebeband auf das weiße Papier auf. Beschrifte die Teile.

Tipp: Als Hilfsmittel kannst die Zeichnung auf der Seite 132 nutzen.

2. Aufgabe:
Bienen aus einem Bienenvolk können ganz verschieden aussehen.

Womit könnte der unterschiedliche Bau zusammenhängen?
Finde es heraus.

Aufgaben

1 Formuliere zum Text auf der Lehrbuchseite 132 einen Merksatz.
2 Schildere, wodurch die Biene an ihre Ernährungsweise angepasst ist.
3 Beobachte Insekten bei der Suche nach Nektar. Welche Blüten werden von welchen Insekten aufgesucht? Notiere deine Beobachtungen. ↗ S. 12
4 Obstbauern und Landwirte zahlen an den Imker eine Gebühr, damit er Bienenstöcke in der Nähe ihrer Obstbäume und Felder aufstellt. Erläutere, warum sie das tun.

Steckbrief

Die Holz-Schlupfwespe

Lebensraum:
Nadelwälder

Merkmale:
- 2 – 3 cm langer Körper
- schwarz mit weiß-gelber Zeichnung
- Weibchen hat einen mehr als körperlangen Legestachel.

Bewegung:
Die Holz-Schlupfwespe läuft auf gefällten Stämmen umher. Sie sucht mit ihren langen Fühlern nach Stellen, in denen Larven von Holzwespen leben.

Ernährung:
Das ausgewachsene Tier ernährt sich von Nektar.
Die geschlüpfte Larve frisst Larven von Holzschädlingen (Holzwespen).

Fortpflanzung:
Nach der inneren Befruchtung legt das Weibchen Eier ab.
Dazu dringt das Weibchen mit seinem Legestachel über das Holz bis zu verborgenen Larven der Holzwespen vor, lähmt sie und legt in ihrem Körper jeweils ein Ei ab.
Aus den Eiern schlüpfen Raupen. Diese verpuppen sich.
In der Puppe entwickelt sich eine Holz-Schlupfwespe, die die Puppenhaut verlässt.

Besonderheit:
Holz-Schlupfwespen sind Fressfeinde der Holzwespen und werden als nützliche Insekten eingestuft.

■ Finde heraus, welche Tiere sich noch von holzschädigenden Larven ernähren.

■ Erläutere, aus welchem Grund die Holz-Schlupfwespe in die Larve sticht.

Wusstest du schon …

Ein volles Haus – Nisthilfen für Insekten

Einige Insektenarten sind heute selten geworden. Der Grund ist oft die Zerstörung ihrer Lebensräume.
So dienen Löcher und Risse in alten und z. T. in toten Bäumen als Nistplatz. In einem „aufgeräumten Wald" finden Insekten weniger Nistmöglichkeiten.
Wegränder, die nicht bewirtschaftet werden, sind artenreich. Dort leben *Schlupfwespen,* räuberische *Käfer, Schmetterlinge, Hummeln, Ohrwürmer* und viele *Fliegen.* Werden die Wegränder erneut genutzt, stehen sie für diese Insekten nicht mehr als Lebensraum zur Verfügung.
Im Garten kannst du selbst etwas zur Vielfalt von Insekten beitragen. So ist beispielsweise die Brennnessel eine wichtige Futterpflanze für einige Schmetterlingsraupen. Beseitige nicht jedes Wildkraut in geschützten Ecken. Außerdem kannst du Wildblumen als Futterpflanze für Insekten aussäen.
Nicht zuletzt kannst du selbst Nistmöglichkeiten für Insekten schaffen.
Einfach herzustellen sind Nisthilfen aus etwa 10 cm langen, verschieden dicken, hohlen Stängeln von Stroh, Holunder oder Schilf. Diese werden gebündelt in eine leere Konservendose gesteckt (Abbildung oben).
Ein umgedrehter und mit Stroh gefüllter Blumentopf bietet *Ohrwürmern* Unterschlupf. Dazu umwickelst du das Stroh mit einem Draht, ziehst diesen durch die Öffnung und hängst den Topf auf.

Deine Arbeit wird sich lohnen. Du wirst nicht nur mehr Insekten beobachten können. Auch deinen Gartenpflanzen wird es besser gehen. Der *Ohrwurm* ernährt sich nämlich u. a. von *Blattläusen.*

Das hast du gelernt

Wirbellose Tiere, die uns nützen

Jede Tierart ist in der Natur von Bedeutung. Sie ist ein Teil des Stoffkreislaufs. Aus der Lebensweise einiger Tiere ziehen wir allerdings besonderen Nutzen.

Regenwurm
- lockert und belüftet den Boden
- durchmischt den Boden
- trägt zur Humusbildung bei (frisst tote Pflanzenteile und Erde und scheidet mineralstoffhaltigen Kot aus)

Honigbiene
- bestäubt viele Kultur- und Wildpflanzen (Voraussetzung für die Bildung von Früchten und Samen)
- sammelt Nektar und stellt Honig daraus her

Marienkäfer
- lebt räuberisch und ernährt sich u. a. von Blattläusen
- kann das Massenauftreten von diesen Insekten verhindern

Schutz von Insekten

Der Grund für die Gefährdung vieler Insektenarten ist oft die Zerstörung von Lebensräumen. Durch Anbringen von Nisthilfen und durch das Aussäen von Futterpflanzen kannst du die Artenvielfalt im Garten erhöhen und nützliche Insekten ansiedeln.

Löse mit Köpfchen

1. Lichtscheue Würmer

Regenwürmer kriechen immer ins Dunkle.

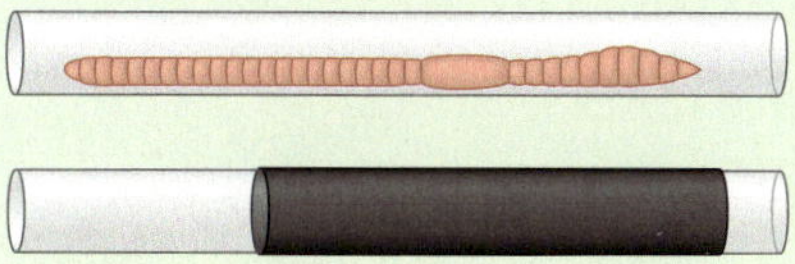

Erkläre ihr Verhalten. ↗ S. 32

2. Wühlen im Untergrund

Fährst du an die Nordsee, siehst du bei Ebbe die „Sandwürstchen" des Wattwurms (Sandpierwurm).

Der Wurm lebt unterirdisch in seinen gegrabenen Wohnröhren.

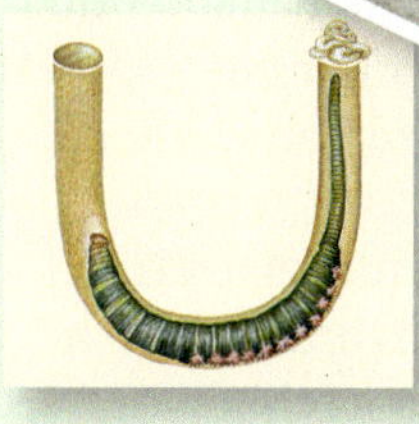

Welche Lebensweise vermutest du? Überprüfe deine Vermutung. Informiere dich über die Lebensweise des Wattwurms.

3. Andere Länder - andere Sitten

Die Essgewohnheiten der Menschen in anderen Ländern unterscheiden sich oft von unseren. So werden auch Meeresfrüchte und Insekten verzehrt. Informiere dich, in welchen Ländern welche tierischen „Delikatessen" verspeist werden.

4. Gefährliche Wespen?

Das habt ihr auch schon erlebt: Im Sommer, besonders ab August, könnt ihr kaum ungestört ein Stück Kuchen im Freien essen. Sofort sind sie da – die Wespen. Viele Menschen reagieren fast panikartig.

a) Informiert euch über die Lebensweise der Wespen.
b) Diskutiert, ob Wespen wirklich gefährlich sind.
c) Würdet ihr ein Wespennest im Garten beseitigen lassen? Führt Argumente dafür und dagegen an und entscheidet dann. ↗ S. 216

5. Wirbellose Haustiere?

Die Honigbiene und der Seidenspinner werden oft auch als „Haustiere" bezeichnet.

Ist das richtig? Begründe deine Antwort. ↗ S. 55

Schädliche Buchdrucker?

Du hast es schon bemerkt. Hier geht es nicht um einen Beruf, sondern um einen Käfer – den Fichten-Borkenkäfer. Warum ist der eigentlich gefährlich?

Das typische Muster auf dem Holz liefert eine erste Antwort.
Der Mittelgang wird vom Weibchen in das Holz der Fichten gefressen. Dort legt es die befruchteten Eier ab.
Die geschlüpften **Larven** ernähren sich vom Holz. Jede frisst ihren eigenen Gang, der vom Mittelgang weg führt. Das entstandene Muster sieht wie gedruckt aus - davon leitet sich der Name des Käfers ab.

Normalerweise vermehren sich die Käfer in altem und totem Holz. Bei **Massenbefall** werden aber auch gesunde Bäume angegriffen.

Befallen viele Käfer einen Baum, löst sich die Rinde vom Stamm und der Baum vertrocknet. So können ganze Fichtenwälder geschädigt werden. Die Gefahr ist besonders dann groß, wenn ein Wald **überwiegend aus Fichten** besteht.

Mit Lockfallen soll die Ausbreitung verhindert werden. Die Fallen enthalten einen weiblichen Lockstoff, durch den Männchen angezogen werden.

Der Fichten-Borkenkäfer wird bei massenhafter Vermehrung in Fichtenwäldern zum Forstschädling.

Erläutere, wie diese Fraßbilder zustande kommen.

Gib an, welche Funktion diese Borkenkäferfalle hat.

Steckbriefe

Einige Insekten, die uns schaden

Nonne

- Larven fressen Nadel- bzw. Laubblätter

Schaden: Larven verursachen Kahlfraß, beeinträchtigen die Holzqualität.

Mehlkäfer

- Käfer und Larven (Mehlwürmer) fressen und verschmutzen Getreidereste, Mehlprodukte, Teig- und Backwaren

Schaden: Nahrungsmittel werden ungenießbar.

Kartoffelkäfer

- Larven und Käfer fressen die Blätter der Kartoffelpflanze

Schaden: Kartoffelknollen entwickeln sich nicht bzw. die Pflanzen sterben ab.

Apfelwickler

- Larven (Maden) fressen sich durch Fruchtfleisch und Kerngehäuse von Äpfeln

Schaden: Äpfel werden ungenießbar und faulen.

Aufgaben

1 Viele als Schadinsekten eingestufte Insekten sind im Kreislauf der Natur normalerweise nicht schädlich. Notiere, wann diese Tiere zu Schädlingen werden.
Tipp: Lies die Seite 138 noch einmal.

2 Informiere dich über weitere Wirbellose, die als Forst-, Vorrats- oder Kleiderschädling auftreten können. Berichte deinen Mitschülerinnen und deinen Mitschülern davon.

Blutsaugern auf der Spur

Gehe im Sommer auf Entdeckungsreise. Betrachte die Wasseroberfläche von kleinen Gartenteichen und Pfützen. Du wirst dort eigenartige Lebewesen hängen sehen. Weißt du, was das ist?

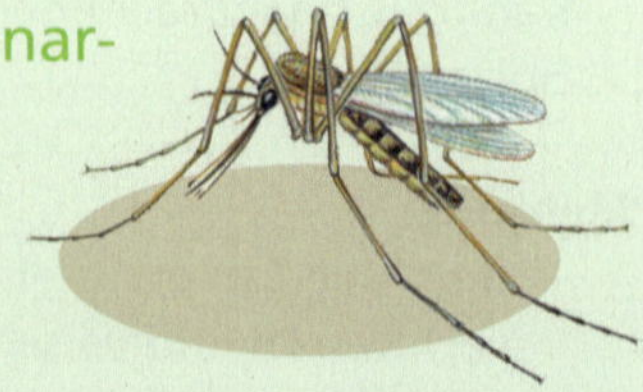

An der Wasseroberfläche findest du oft Larven der *Stechmücke.* Sie leben im Wasser, atmen aber Luft. Das Atemrohr befindet sich am Hinterleib. Deshalb hängen sie kopfüber im Wasser.

Die erwachsenen Tiere kennst du bestimmt.
Die Weibchen stechen und saugen Blut. Das Blut benötigen sie zur Entwicklung ihrer Eier. Ansonsten ernähren sich weibliche und männliche Mücken von Pflanzensäften.
Die Mundwerkzeuge der Mücke sind für das Stechen und Saugen besonders ausgebildet.

Findet die Mücke eine günstige Stelle auf der Haut, dringt sie mit ihren Stechborsten ein.
Beim Einstich wird Speichel in die Wunde gegeben. Dieser löst den Juckreiz aus.

Andere Blutsauger ernähren sich nur von Blut, z. B. *Flöhe, Wanzen, Läuse.* Auch diese Stiche jucken und entzünden sich. Außerdem können mit dem Einstich Krankheitserreger übertragen werden.

- Blutsaugende Tiere können Krankheiten übertragen.

Blutsaugende Plagegeister

Rinderbremse

Menschen-Floh

Bettwanze

Kopflaus

Wusstest du schon…

Gefahr durch Zecken

Im Gras einer Wiese oder im Unterholz von Hecken und Wäldern lauert sie, die *Zecke* (der *Holzbock*). Der Stich der *Zecke* ist an sich harmlos. Leider sind viele *Zecken* mit Krankheitserregern infiziert. Sie übertragen eine bestimmte Form der Hirnhautentzündung (FSME) und die Wanderröte (Borreliose). Gegen FSME kannst du dich impfen lassen, gegen Borreliose gibt es keine vorbeugende Impfung.

Geschlossene Kleidung und lange Hosen bieten etwas Schutz. Nach einem Spaziergang solltest du allerdings trotzdem deinem Körper und die Kleidung absuchen. *Zecken* krabbeln häufig darauf herum, um eine geeignete Stelle zum Stechen zu finden. Zusätzlich können Sprays Schutz bieten.

Hast du eine *Zecke* bei dir entdeckt, entfernst du sie am besten mit einer Zeckenzange. Fass das Tier so nah wie möglich über der Haut und ziehe es gerade nach oben heraus. Falls sich die Stelle entzündet und rötet, lass sie von deinem Hausarzt untersuchen.

Übrigens ist dieser Blutsauger kein Insekt. Das erkennst du schon an seinen acht Beinen. *Zecken* sind mit den *Spinnen* verwandt.

Aufgaben

1 Hunde und Katzen bringen von ihren Ausflügen ab und zu lästige „Gäste" mit - Hunde- bzw. Katzenflöhe.
Informiere dich darüber, welche Krankheiten diese Flöhe übertragen können und finde den perfekten Flohschutz.
Tipp: Befrage einen Tierarzt.

2 Erarbeitet Informationen zu verschiedenen Blutsaugern:
- Wo leben sie, was fressen sie und wie verläuft ihre Entwicklung?
- Wie schaden sie uns?
- Wie können wir uns schützen?

Arbeitet in Gruppen und werdet zu Experten. ↗ S. 142

So kannst du vorgehen

Arbeiten in Expertengruppen

Wenn euch Fragen zur Natur im Alltag und in der Schule nicht mehr loslassen, wendet ihr euch meist an den Fachlehrer. Warum fragt ihr nicht künftig das Expertenteam der Klasse? Am besten ihr werdet selbst zum Experten.

▶ Schritt 1

Bereitet die Gruppenarbeit vor.

Findet zum vorgegebenen Hauptthema sinnvolle Teilthemen. Zum Hauptthema „Blutsaugende Plagegeister" könnten z. B. „Malariamücke", „Menschenfloh", „Bettwanze" und „Kopflaus" bearbeitet werden.
Teilt nun die Klasse in vier Basisgruppen.

▶ Schritt 2

Arbeitet in Basisgruppen.

Erarbeitet in der Basisgruppe alle Teilthemen. Dabei ist jedes Mitglied der Gruppe für ein anderes Thema verantwortlich und wird zum Experten für dieses Thema.

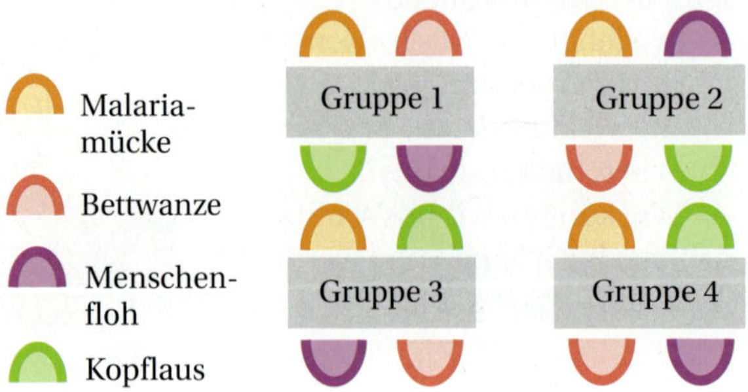

▶ Schritt 3

Arbeitet in Expertengruppen.

Bildet neue Gruppen, die sich aus den jeweiligen Experten für die gleichen Teilthemen zusammensetzen. Tauscht eure Arbeitsergebnisse aus und klärt offene Fragen. Dabei kommt jeder Experte zu Wort. Erarbeitet eine Zusammenfassung.

Expertengruppen

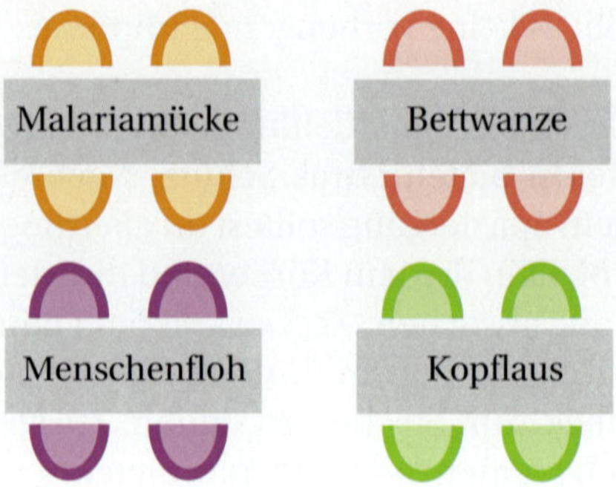

▶ Schritt 4

Präsentiert die Lernergebnisse.

Findet euch wieder mit den Mitgliedern eurer Basisgruppe zusammen. Jeder Experte stellt seine Arbeitsergebnisse zu dem Teilthema vor, für das er verantwortlich war. Im Ergebnis sind alle Mitglieder der Gruppe über alle Teilthemen informiert.

(Tipp: In einer anderen Variante der Methode bearbeiten in der Basisgruppe alle das gleiche Thema. In den Expertengruppen erfolgt dann der Austausch über die unterschiedlichen Teilthemen.)

Erforsche es

Wirbellose Tiere im Haus

Viele wirbellose Tiere findet ihr in Häusern (z. B. in Kellern, auf dem Boden und auch in den Wohnräumen). Dazu gehören *Spinnen, Asseln, Ohrwürmer* und *Fliegen.* Außerdem entdeckt ihr hier auch Organismen, die sonst nur in wärmeren Ländern vorkommen.
Durch einfache Untersuchungen könnt ihr feststellen, welche wirbellosen Tiere die Unterkunft mit euch teilen.

Aufgabe:
Ermittelt wirbellose Tiere im Haus.

Materialien:
Glasbehälter (z. B. leere Marmeladengläser) mit durchstochenem Deckel, um die Luftzufuhr zu sichern; Pinzette; Bestimmungsbücher bzw. -tafeln.

Durchführung:
1. Sucht systematisch ein älteres Haus vom Boden über die Wohnung, den Treppenflur bis in den Keller nach wirbellosen Tieren ab.
2. Habt ihr ein Tier entdeckt, fangt es vorsichtig und bringt es in einem der Glasbehälter unter.
3. Versucht, die gefundenen Tiere zu bestimmen. Vergleicht dazu mit Abbildungen in den entsprechenden Büchern.

Auswertung:
1. Ermittelt die Tierarten, die am häufigsten zu finden sind.
2. Findet heraus, welche Bedeutung diese Tiere für das Leben der Menschen haben. Nutzt dazu das Internet.

Hinweis: Lasst die Tiere nach der Ermittlung wieder frei (Tierschutz).

Erzähle eine Geschichte zu diesen Bildern. Überlege, was die Kinder jeweils sagen.

Das hast du gelernt

Wirbellose Tiere, die uns schaden

Unter bestimmten Bedingungen können einige Wirbellose für uns zu Schädlingen werden.

Fichten-Borkenkäfer
- schädlich bei Massenbefall,
- besonders in Wäldern, die überwiegend aus Fichten bestehen

Mehlkäfer
- schädlich, wenn er unsere Vorräte befällt und diese ungenießbar werden

Zecke (Holzbock)
- überträgt gefährliche Infektionskrankheiten (Hirnhautentzündung, Wanderröte)

Schutz vor Schädlingen

Vor Massenbefall, vor Vorrats- und Materialschädlingen und vor Krankheitsüberträgern müssen wir uns schützen bzw. die Gefahr bekämpfen.

Schutz im Haus
- Insektensprays, Köderdosen, Mottenkissen,
- Abdeckhauben, Fliegenfänger, Fliegengitter

Schutz von Haustieren
- Flohschutzband, Umgebungsspray,
- Schutzimpfungen,
- regelmäßige Kontrolle und Fellpflege

Schutz im Freien
- Lockfallen, Leimringe an Bäumen, Insektizide,
- Ansiedlung und Schutz von natürlichen Fressfeinden

Löse mit Köpfchen

1. Suchbild

Notiere alle Wirbellosen, die du erkennen und benennen kannst.

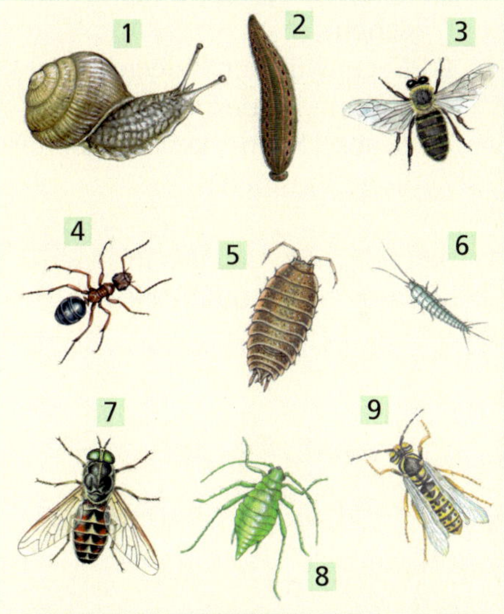

2. Biologischer Pflanzenschutz

Einige Insekten fressen Blätter oder ernähren sich von Pflanzensäften. Treten sie massenhaft auf, können sie Schaden verursachen. Normalerweise gibt es aber ausreichend Fressfeinde. Finde Beispiele für Insekten, die sich von Pflanzen ernähren und ermittle deren Fressfeinde.

3. Wirbelloser Parasit

In den Medien wird immer wieder vor Zecken gewarnt.

a) Setze dich mit dieser Warnung auseinander. Entscheide, ob sie gerechtfertigt ist oder ob nur „Panikmache" dahintersteckt.

b) Formuliere Tipps zum Schutz vor Zeckenstichen und zum Verhalten nach Zeckenstichen.

4. Küsschen mit Folgen?

Tollst du oft mit deinem Hund herum? Kuschelst du mit ihm?

a) Überlege, ob ein „Küsschen" wirklich immer harmlos ist.

b) Stelle Hygieneregeln auf, die vor Ansteckung schützen.

5. Gibt es denn so etwas?

Du hörst oftmals die Bezeichnungen Mehlwurm oder Holzwurm. Biologisch sind die Bezeichnungen nicht korrekt. Du weißt jetzt bestimmt, warum. Erläutere, was falsch ist.

4 Teste dich selbst

Bei manchen Wahlaufgaben gibt es mehrere richtige Antworten. Die Lösungen findest du auf S. 247.

Wähle aus.

1 Der Maikäfer hat einen kastanienbraunen Rücken. Seine Fühler sehen aus wie ein breiter Fächer. Im Mai gräbt er sich aus dem Boden. Welches Bild zeigt dieses Tier?

2 Die ca. 800 000 Arten der Insekten sind sehr vielfältig gebaut. Um Ordnung in die Vielfalt zu bringen, unterscheiden Biologen noch einmal mehrere Gruppen. Ein Vergleichsmerkmal ist die Anzahl der Flügel.
Hat die Fliege
- A 1 Paar Flügel?
- B 2 Paar Flügel?
- C gar keine Flügelpaare?

3 Bei den folgenden Tieren handelt es sich ausschließlich um wirbellose Tiere.
- A Quallen, Spinnen, Käfer, Muscheln
- B Regenwürmer, Eidechsen, Delfine, Fledermäuse
- C Krebse, Schnecken, Schmetterlinge, Spinnen

4 Betrachte den Bau des Insektenbeins. Zu welchem Insekt gehört es?

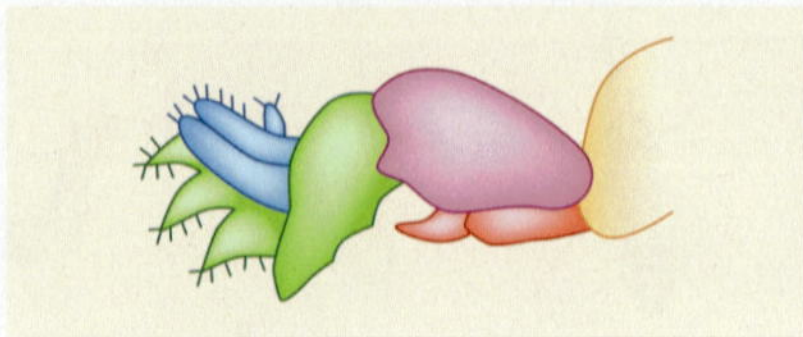

- A Floh
- B Gelbrandkäfer
- C Maulwurfsgrille

5 Die Fliege vollzieht während ihrer Entwicklung eine vollständige Metamorphose.
Welche Abbildung zeigt die richtige Reihenfolge?

Beantworte ausführlich.

1 Es gibt in der Natur keine Schädlinge oder Nützlinge.
Setze dich mit dieser Aussage auseinander. Stimmst du ihr zu oder meinst du, dass sie nicht wahr ist.
Begründe deine Ansicht.

2 Interpretiere mithilfe deiner Kenntnisse über die Lebensweise des Regenwurms folgende Abbildungen.

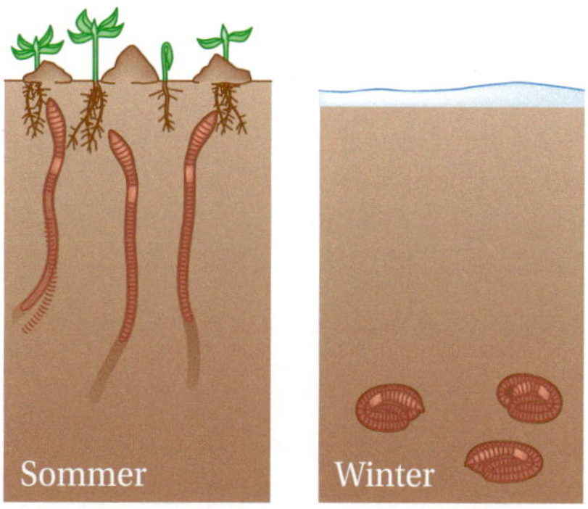

3 Der Regenwurm und die Maulwurfsgrille sind völlig verschieden gebaute Lebewesen. Beide sind jedoch an ihren Lebensraum und die Art ihrer Fortbewegung angepasst.
Begründe diese Aussage.

4 Vergleiche den Bau einer Biene und einer Spinne. Untersuche die Körpergliederung, die Anzahl der Beinpaare und die Anzahl der Flügelpaare.
Finde Gemeinsamkeiten im Bau.
Leite aus deinem Vergleich eine Schlussfolgerung ab.

5 Halte einen Vortrag zum Thema Tierstaat.
- Erläutere, was ein Tierstaat ist.
- Zähle Beispiele auf.
- Zeige die Anpassung der einzelnen Tiere im Tierstaat an ihre Funktion.

6 Nenne Insekten, die gefährdet sind. Notiere Ursachen für die Gefährdung und leite mögliche Maßnahmen ab.

5 Pflanzen in unserer Umgebung

1 Aufmerksam umgeschaut
Pflanzen wachsen fast überall. Ihre Vielfalt ist riesig. Beschreibe, wie die Pflanzen im Bild aussehen. Kennst du ihre Namen?

2 **Entdeckungen im Frühjahr und Sommer**
Beobachte blühende Pflanzen.
Von welchen Tieren werden die Blüten besucht?
Warum suchen die Tiere die Blüten auf?
Was bewirkt der Besuch?
Finde es heraus.

3 **Kresse auf Brot?**
Lass Kressesamen keimen. Betrachte eine einzelne Pflanze mit der Lupe.
Streue die Keimpflänzchen auf ein Butterbrot. Wie schmeckt es dir?

4 **Laubblätter im Vergleich**
Sammle Blätter verschiedener Pflanzen. Skizziere sie.
Informiere dich in einem Bestimmungsbuch, wie die unterschiedlichen Blattformen heißen.

Es grünt so grün...

Schau dir die verschiedenen Pflanzen in deiner Umgebung an. Stelle dir vor, sie wären plötzlich verschwunden. Würdest du deine Umgebung erkennen?

Pflanzen prägen unsere Landschaft und unsere Umgebung sehr. Dabei kannst du winzige Moose in den Pflasterfugen und Kräuter am Wegesrand entdecken oder hohe Bäume im Wald oder im Park bewundern.

Die Gemeinsamkeit der vielen verschiedenen Pflanzen kannst du leicht feststellen: Sie sind alle ganz oder teilweise grün gefärbt. Sie enthalten den **grünen Blattfarbstoff Chlorophyll.**

Viele Pflanzen tragen zu bestimmten Zeiten Blüten, aus denen sich Samen entwickeln. Daher heißen diese Pflanzen **Samenpflanzen.**
Bei **Moosen** und **Farnen** kannst du niemals Blüten oder Samen und Früchte entdecken. Sie sind außerdem einfacher gebaut als Samenpflanzen.

> Die Vielfalt der Pflanzen ist groß. Sie enthalten jedoch alle den grünen Blattfarbstoff Chlorophyll.

Pflanzen

Moospflanzen	Farnpflanzen	Samenpflanzen

Informiere dich über Farne im Karbon. Welche Bedeutung haben die Farnwälder für uns heute noch?

Aufgaben

1 Gestaltet aus Fotos verschiedener Pflanzen eine Bildergalerie. Notiert, was euch an der Pflanze jeweils besonders auffällt.

2 Findet für die drei Gruppen von Pflanzen (Moose, Farne, Samenpflanzen) jeweils ein Beispiel in eurer Umgebung. Skizziert die gefundene Pflanze.

3 Erkundet das Schulgelände. Sucht
- die kleinste bzw. die größte Pflanze,
- die Pflanze mit den größten bzw. den kleinsten Blättern,
- die Pflanze mit dem angenehmsten bzw. ekelhaftesten Geruch,
- die Pflanze mit den meisten Haaren auf dem Stängel,
- die Pflanze mit den größten Früchten.

Findet weitere Eigenschaften, die ihr vergleichen könnt.
Arbeitet in Gruppen. Skizziert oder fotografiert die gefundenen Pflanzen. ↗ S. 23

Samenpflanzen – eine vielgestaltige Gruppe

Uralt und knorrig oder kurzlebig und grazil

Erforsche es

Interview mit einer Samenpflanze

Schreibe eine Geschichte über die Entwicklung einer Samenpflanze. Stell dir vor, du könntest sie befragen.
Beobachte dazu die Entwicklung einer Gartenblume. Notiere, wann sie keimt, wie groß sie wird, wann du erste Blüten entdeckst und wann sich Früchte entwickeln.
Skizziere deine Pflanze oder klebe ein Foto ein. Notiere alle Beobachtungen in einem Pflanzentagebuch.

Die *Stiel-Eiche* im Bild hat eine Höhe von 27 Metern und einen Stammumfang von 8,75 Metern. Der Stamm ist dick, verholzt und knorrig. Jedes Jahr im Frühjahr bildet der Baum neue Blätter aus. Im Herbst haben sich aus den Blüten Eicheln entwickelt. Das geht seit ca. 700 Jahren so, denn so alt ist dieser Baum!

Das *Garten-Stiefmütterchen* wird höchstens 20 cm hoch. Der Stängel ist nicht verholzt, sondern krautig.
Die Pflanze hat im ersten Lebensjahr nur Blätter. Im zweiten Jahr bildet sie die Blüten und Samen aus und stirbt danach ab.

Beide Pflanzen sind Samenpflanzen. Vergleichst du den Bau der unterschiedlichen Samenpflanzen, stellst du überrascht Gemeinsamkeiten fest: Sie bestehen alle aus einer Wurzel und der Sprossachse mit den Blättern und Blüten.

Samenpflanzen haben einen gemeinsamen Grundbau.

Aufgaben der Pflanzenorgane

Blüte

Fortpflanzung: Aus den Blüten entwickeln sich Früchte mit Samen.

Blatt

Fotosynthese: Aus Wasser und Kohlenstoffdioxid bilden sich mithilfe von Sonnenlicht und Blattgrün Traubenzucker und Sauerstoff.

Sprossachse

Stofftransport und Stoffspeicherung: Wasser, gelöste Mineralsalze und Nährstoffe werden transportiert und gespeichert.

Wurzel

Aufnahme von Stoffen aus dem Boden (Wasser, Mineralsalze) und Verankerung im Boden.

Aufgaben

1 Skizziere eine Eiche und eine Gartenblume.
Finde die Teile aus der Abbildung (oben) in deiner Skizze wieder und beschrifte sie.
Erläutere deiner Lernpartnerin oder deinem Lernpartner die Funktion dieser Pflanzenteile.

2 Finde heraus, welches die größte und welches die kleinste Samenpflanze auf der Welt ist.
Ermittle die Samenpflanze, die am ältesten ist. Nutze dazu auch das Internet.

3 Nach der Beschaffenheit der Sprossachse unterscheiden wir Kräuter und Holzgewächse.
Übertrage das folgende Schema in dein Heft. Finde jeweils Beispiele und klebe entsprechende Fotos ein.

Samenpflanzen
- **Kräuter**
- **Holzgewächse**
  - Sträucher
  - Bäume

Erforsche es

Die Wurzel näher angeschaut

1. Aufgabe:
Betrachte die Wurzeln von jungen Kressepflanzen.
Fertige eine Skizze an. Informiere dich über Wurzelsysteme. Entscheide, welches Wurzelsystem vorliegt.

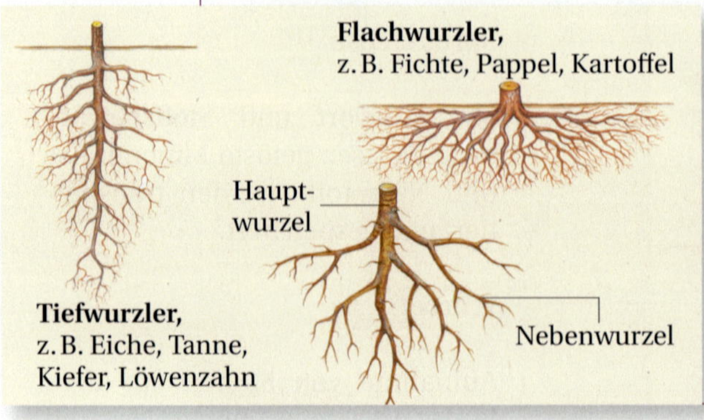

2. Aufgabe:
Untersuche eine Möhre.

Materialien:
Möhre, Wasser, Bleistift, Papier, Messer

Durchführung:
Schneide eine Möhre mit einem Messer längs auf.

Beobachtung und Auswertung:
Skizziere den Längsschnitt. Vermute, wozu diese besonders gestaltete Wurzel dient.

Transportweg Sprossachse

Aufgabe:
Weise die Wasserleitung in der Sprossachse nach.

Materialien:
Becherglas, mit Farblösung (Eosinlösung) gefärbtes Wasser, Schnittblume mit heller Blüte

Durchführung:

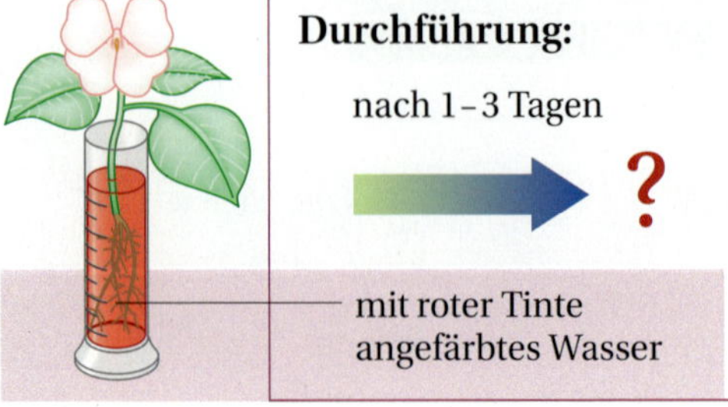

Beobachtung und Auswertung:
Betrachte nach ein bis drei Tagen die Blüte. Notiere deine Beobachtung. Wie lassen sich die Veränderungen erklären?

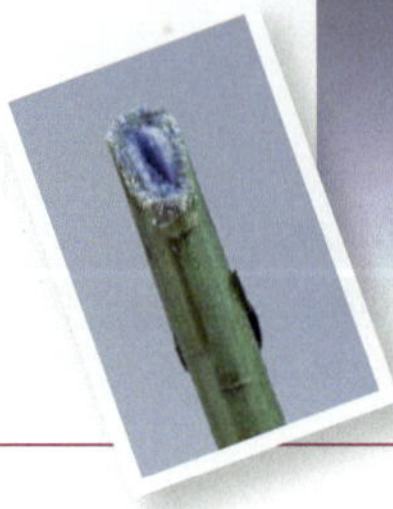

Wasserabgabe bei Pflanzen

1. Aufgabe:
Weise die Wasserabgabe durch die Laubblätter nach.

Materialien:
Messzylinder, Öl, Wasser, Pflanze

Durchführung:

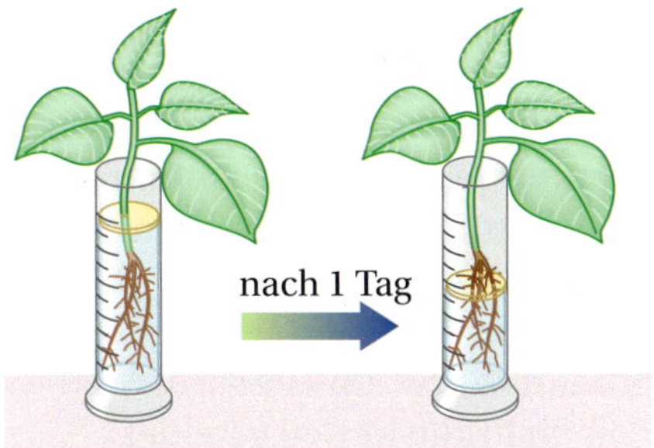

Beobachtung und Auswertung:
Beschreibe das Ergebnis. Welche Menge Wasser wurde abgegeben? Welche Funktion hat das Öl?

2. Aufgabe:
Untersuche die Abgabe von Wasser durch die Blätter. Wähle verschiedene Bedingungen.

Vorbereitung:
a) Überlege, wie du verschiedene Bedingungen zur Untersuchung der Wasserabgabe schaffen kannst.
b) Stelle folgende Materialien bereit: gleich große, beblätterte Zweige, Bechergläser, Speiseöl, Wasser

Durchführung:
a) Fülle in alle Bechergläser gleich viel Wasser und gib einige Tropfen Öl hinzu.
b) Stelle die Zweige ins Wasser und markiere die Wasserhöhe.
c) Stelle für jedes Becherglas eine andere Bedingung her.

Auswertung:
a) Vergleiche nach zwei Tagen die Wasserhöhe in den Bechergläsern.
b) Erkläre das Ergebnis.
c) Erkläre, warum Öl auf das Wasser gegeben wird.
d) Erkläre, warum du frisch geschnittene Blumen möglichst schnell ins Wasser stellen sollst.

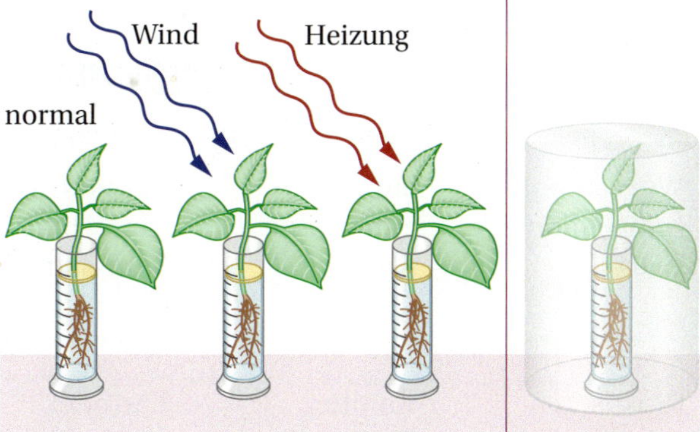

Pflanzliche Verwandlungen

Eigentlich sind Kartoffeln braun.
Du hast aber sicher schon einmal Kartoffeln mit grünen Stellen entdeckt.
Was ist passiert?

Vorratshaltung bei Pflanzen

Frische Kartoffeln müssen dunkel gelagert werden. Sie färben sich grün, wenn sie dem Licht ausgesetzt werden.
Dafür gibt es eine einfache Erklärung: Kartoffeln sind sogenannte **Sprossknollen.** Sprossknollen sind umgebildete Teile der Sprossachse, die der **Speicherung von Reservestoffen** dienen. Deshalb werden sie bei ausreichend Licht wieder grün.

Neben den Sprossknollen gehören u. a. auch Wurzelknollen, Rüben und Zwiebeln zu den **Speicherorganen.**

Eingelagerte Reservestoffe dienen u. a. als Nährstoffvorrat für die nächste Vegetationsperiode: Die unterirdischen Speicherorgane überstehen in der Erde den frostigen Winter. Die oberirdischen Teile sterben am Ende des Sommers bzw. im Herbst ab und werden im Frühjahr neu gebildet.
Bei den Speicherorganen handelt es sich immer um umgebildete pflanzliche Organe, die durch ihren Bau an die spezielle Funktion angepasst sind.

> Speicherorgane sind umgebildete pflanzliche Organe. Sie speichern Reservestoffe.

Speicherorgane bei Pflanzen

Wurzelknolle (umgebildete Wurzel)	**Rübe** (umgebildete Wurzel)	**Sprossknolle** (umgebildete Sprossachse)	**Wurzelstock** (umgebildete Sprossachse)	**Zwiebel** (umgebildete Sprossachse mit Blättern)
Krokus, Scharbockskraut	Karotte, Zuckerrübe	Kartoffel, Kohlrabi	Busch-Windröschen	Küchenzwiebel, Schneeglöckchen

Leite mithilfe der Abbildung ab, welche Teile der Pflanze bei den jeweiligen Kohlsorten durch Züchtung verändert wurden.

Frisches Gemüse

Aus der Übersicht auf Seite 156 erkennst du: Wir nutzen umgebildete Pflanzenteile oft für unsere Ernährung, beispielsweise Rüben, Sprossknollen und Zwiebeln. Allerdings sind nicht alle umgebildeten Teile essbar. So sind viele Blumenzwiebeln für uns sehr giftig.

Oft hat der Mensch die Veränderung der ursprünglichen Gestalt durch Züchtung gefördert. Die unterschiedlichen Kohlsorten sind z. B. aus dem *Wildkohl* entstanden. Sie gelten als gesunde und vitaminreiche Kost.

Durch Züchtung können Pflanzen verändert werden.

Aufgaben

1. Erläutere, warum es für krautige Pflanzen günstig ist, Speicherorgane zu haben.
2. Umgebildete pflanzliche Organe sind an ihre Funktion angepasst. Stelle Beispiele für umgebildete Pflanzenorgane zusammen und gib jeweils die Funktion an.
3. Der Spaziergang auf dem Blatt der Venusfliegenfalle ist für die Fliege gefährlich.
   Leite ab, welches Pflanzenorgan umgebildet wurde und welche Funktion es erfüllt.

Das hast du gelernt

Einheit und Vielfalt bei Pflanzen

Pflanzen kann man nach ihrem Bau in Moose, Farnpflanzen und Samenpflanzen einteilen.

Samenpflanzen

Die Grundorgane einer Samenpflanze sind Wurzel, Sprossachse, Blätter und Blüte. Durch das Zusammenwirken ihrer Organe ist die Pflanze lebensfähig.

↖ (blau)	Abgabe von Wasserdampf aus den Laubblättern
↑ (blau/rot)	Leitung von Wasser und Nährsalzen über die Sprossachse
→ (blau)	Aufnahme von Wasser über die Wurzel
→ (rot)	Aufnahme von Mineralstoffen über die Wurzel
→ (schwarz)	Transport organischer Stoffe vom Blatt bis zur Wurzel

Umgebildete pflanzliche Organe können durch ihren Bau spezielle Funktionen erfüllen. Dadurch sind Pflanzen an ihre Umgebung angepasst.

Löse mit Köpfchen

1. Ein Lebensraum voller Pflanzen

Steckt in eurer Umgebung eine Fläche von 5 x 5 m ab.
Ordnet alle darin enthaltenen Pflanzen den Ordnungsgruppen Kraut, Strauch oder Baum zu. Stellt die Häufigkeit der Pflanzen pro Gruppe in einem Diagramm dar.

2. Kastanien und Veilchen

In vielen Orten werden Straßen und Wege nach Pflanzen benannt. In den Gärten am Veilchenweg konnten wir tatsächlich Frühlingsveilchen finden.
Wachsen in der Kastanienallee wohl auch Kastanien?

a) Suche Straßen mit Pflanzennamen in deiner Umgebung und überprüfe, ob die namensgebenden Pflanzen dort auch vorkommen.
b) Sammle Blätter der Pflanzen. Skizziere und beschreibe sie.

3. Aus weißen mache farbige Blüten.

Irene schenkt Daria zum Geburtstag eine interessante Blüte. „Selbst gemacht“, sagt sie stolz.
Erkläre, wie Irene es geschafft hat, solch eine Blütenfärbung zu erhalten. ↗ S. 32

4. Entdeckungen auf dem Gemüsemarkt

a) Sieh dich am Gemüsestand genau um. Finde Gemüsesorten, bei denen wir Speicherorgane von Pflanzen nutzen.
b) Recherchiere jeweils, welches pflanzliche Organ umgebildet wurde.

5. Bei einem Kaktus sind alle Blätter zu Dornen umgebildet.

a) Erläutere, welche Funktion diese umgebildeten Blätter erfüllen.
b) Notiere die Funktionen, die Laubblätter von Pflanzen normalerweise haben.
Vermute, welches pflanzliche Organ die Funktion der Blätter beim Kaktus übernimmt.
Begründe deine Vermutung.
↗ S. 55

Leben mit den Jahreszeiten

Das Busch-Windröschen ist ein Frühlingsbote. Es blüht zwischen März und April. Nach kurzer Zeit ist die Blütenpracht vorbei. Warum beeilen sich die Pflanzen so?

Busch-Windröschen wachsen im Buchenwald. Zu Beginn des Frühjahrs sind die Bäume noch nicht belaubt. Nur zu dieser Zeit gelangt so viel **Licht** zum Boden, wie *Busch-Windröschen* für ihre Entwicklung benötigen. Durch das Sonnenlicht erwärmt sich außerdem der Boden, sodass auch die nötige **Temperatur** und ausreichend **Wasser** vorhanden sind.
Im späteren Frühjahr entwickelt sich das Laub der Buchen. Die Bedingungen für die *Busch-Windröschen* verschlechtern sich.

Licht, Temperatur und Wasser sind für alle Pflanzen **wichtige Bedingungen für Wachstum und Entwicklung.**

■ Warum ist für *Busch-Windröschen* eine kurze Blüh- und Entwicklungszeit von Vorteil?

Die Wachstumsbedingungen ändern sich im Jahresverlauf. Besonders im Winter sind die Lichtverhältnisse schlecht und die Temperaturen niedrig. Weil der Boden gefroren ist, steht wenig Wasser zur Verfügung.

- hoher Lichtanteil am Boden
- Entwicklung von Frühblühern

- geringer Lichtanteil am Boden
- wenige Kräuter in der Krautschicht

- abnehmende Temperaturen
- Laubfall, Pilzfruchtkörper

- Frost, Wassermangel
- Ruhestadium

Erforsche es

Aufgabe

a) Lege verschiedene Pflanzenteile (Salatblatt, Blatt eines Nadelbaums, kleiner Zweig, Nuss, Fruchtstück) in eine Gefrierdose und stelle diese für einige Stunden in das Gefrierfach.
b) Betrachte die Pflanzenteile nach dem Auftauen.
c) Notiere deine Beobachtungen. Leite eine Schlussfolgerung ab: Welche Teile vertragen keinen Frost?

Die Pflanzen überstehen den Winter durch **unterschiedliche Anpassungen.** So wirst du im Winter nur wenige krautige Pflanzen finden. Die grünen Teile oberhalb der Erde sterben ab. Die unterirdischen Teile sind oft zu **Speicherorganen** umgebildet. Diese enthalten ausreichend Nährstoffe, um ein erneutes Wachstum im nächsten Jahr zu ermöglichen.

Laubbäume **verlieren** ihre **Blätter** im Herbst. Das ist notwendig, denn über die große Fläche der Blätter wird eine Menge Wasser abgegeben und im Winter ist Wasser knapp.

Einjährige Pflanzen sterben ganz ab. Bei ihnen überdauern die **Früchte und Samen.** Im nächsten Jahr wächst eine neue Generation heran.

Heimische Pflanzen sind an den Wechsel der Jahreszeiten angepasst.

Aufgaben

1 Besonders im Winter ändern sich die Lebensbedingungen für Pflanzen stark. Stelle zusammen, welche Veränderungen es gibt.

2 Frühblüher überwintern unterirdisch. Sie besitzen Speicherorgane. Nenne Beispiele.

3 Erkläre das Aussehen eines Laubbaums zu den unterschiedlichen Jahreszeiten. ↗ S. 32

Spezialisten unter den Samenpflanzen

Pflanzen benötigen Wasser. In trockenen Lebensräumen gibt es davon sehr wenig, in feuchten Lebensräumen zu viel. Wie können Pflanzen trotzdem überleben?

Kakteen wachsen in Wüsten, Halbwüsten und Steppen. In solchen Gebieten regnet es selten. Das Wasserangebot ist begrenzt.

Kakteen sind Meister im Wassersparen. Eine **Wachsschicht** schützt die Pflanzen vor Verdunstung. Ihre Blätter sind zu **Dornen** umgebildet. Dadurch wird die Wasserabgabe eingeschränkt. Ihr Stamm ist ein **Speicherorgan für Wasser.** Er ist gefaltet und kann sich ausdehnen, wenn es wirklich einmal regnet. Dann nehmen *Kakteen* mit ihrem **großflächigen Wurzelsystem** in kurzer Zeit viel Wasser auf.

Erläutere die Anpassung der Kakteen an einen trockenen Standort.

Die *Seerose* ist eine Wasserpflanze. In ihrem Lebensraum gibt es ein Überangebot an Wasser. Auch die *Seerose* wird durch eine **Wachsschicht** geschützt. Diese ist wasserabweisend und verhindert das Eindringen von Wasser über die Oberfläche der Pflanze. Der **Gasaustausch** erfolgt nur an der wassergeschützten **Blattoberseite.**
Hast du dir schon einmal die Frage gestellt, warum die Blätter und Blüten der *Seerose* auf dem Wasser schwimmen? Die Blätter und Stängel der Pflanze sind von einem **Luftgewebe** durchzogen. Dadurch erhalten sie Auftrieb. Gleichzeitig gelangt Luft bis in die Wurzeln.

Pflanzen sind durch ihren besonderen Bau an ihren jeweiligen Lebensraum angepasst.

Aufgaben

1. Erkläre die unterschiedliche Wirkung der Wachsschicht auf der Oberfläche der *Kakteen* und der *Seerose.* ↗ S. 32
2. Erläutere die Anpassung der *Seerose* an ihren Lebensraum.

Steckbrief

Scharfer Mauerpfeffer

Lebensraum
felsige und sandige Standorte, z. B. Mauern, Dünen

Anpassungen
- dicke Blätter – Wasserspeicher
- kleine Blätter – Verdunstungsschutz
- Überzug mit Wachsschicht – Verdunstungsschutz

Steckbrief

Sanddorn

Lebensraum
Trockenwälder, sandige und trockene Ufer, Felshänge

Anpassungen
- kleine, ledrige Blätter – Verdunstungsschutz
- filzige Behaarung auf der Blattunterseite – Verdunstungsschutz

Steckbrief

Kleines Springkraut

Lebensraum
feuchte, schattige Stellen in Mischwäldern und Gebüschen

Anpassungen
- dünne, große Blätter – begünstigen die Wasserabgabe
- flache Wurzelsysteme

Steckbrief

Seerose

Lebensraum
Uferzonen von Seen und Teichen

Anpassungen
- Wachsschicht – verhindert das Eindringen von Wasser
- Luftgewebe – bringt Luft bis zu den Wurzeln

Das hast du gelernt

Leben in unterschiedlichen Lebensräumen

Die Lichtmenge, die jeweilige Temperatur und das Wasserangebot sind vom Lebensraum der Pflanze abhängig. Die Pflanzen sind an die Bedingungen angepasst.

Anpassungen an das Wasserangebot

Trockene Lebensräume
- Pflanzen sind durch geringe Blattoberfläche und Wachsschicht vor Verdunstung geschützt.
- Pflanzen besitzen Speicherorgane für Wasser.

Feuchte Lebensräume
- Pflanzen können durch große, dünne Blätter Wasser gut abgeben.
- Sie besitzen keine oder nur eine geringe Wachsschicht.

Überleben in der kalten Jahreszeit

Im Winter verschlechtern sich die Lebensbedingungen der Pflanzen. Die Pflanzen schützen sich u. a. durch

Abwerfen der Laubblätter im Herbst und Ausbilden neuer Blätter im nächsten Frühjahr.

Beispiel: Stiel-Eiche

Speichern von Nährstoffen in unterirdischen Teilen.

Beispiel: Tulpe

Löse mit Köpfchen

1. Trocken oder feucht?

Pflanzen sind an ihre Lebensbedingungen angepasst.

a) Diskutiert in der Gruppe, welche der folgenden Pflanzen an einen trockenen bzw. feuchten Standort angepasst ist.

b) Findet eigene Beispiele und ordnet sie zu.
Fertigt einen Steckbrief für vier Pflanzen an.

2. Im Wandel der Jahreszeiten

Die Lebensbedingungen für Pflanzen ändern sich im Wechsel der Jahreszeiten. Laubbäume sind daran angepasst.
Bringt die Bilder in die richtige Reihenfolge.

3. Gefährlich oder unangenehm?

Im Mai gibt es oft noch einmal frostige Nächte. Tomatenpflanzen sollen erst im Garten ausgepflanzt werden, wenn die „Eisheiligen" vorüber sind.
Bewerte diese Vorsichtsmaßnahme.
↗ S. 126

4. Warum blühen Frühblüher früher?

Im Frühjahr wachsen in der Krautschicht des Laubwaldes einige Pflanzen sehr schnell. Diese Frühblüher blühen und bilden Früchte aus, bevor die Bäume Blätter tragen.

a) Finde Beispiele für Frühblüher.
b) Begründe, warum die Lebensweise der Frühblüher eine Anpassung an die Jahreszeiten darstellt. ↗ S. 55

Vielfältige Blütenpracht

Viele Samenpflanzen haben auffallende Blüten. Schau dir einige genauer an.

Die Blüten unterscheiden sich nicht nur in Farbe und Größe, sie sind auch sehr unterschiedlich gestaltet. Du wirst jedoch feststellen, dass sie alle aus mehreren ähnlichen Einzelteilen bestehen.

Die **Kronblätter** sind oft auffällig gefärbt. Im Inneren der Blüte findest du **Staubblätter** und in der Mitte die **Fruchtblätter,** die oft miteinander verwachsen sind. Außen ist die Blüte meist von grünen **Kelchblättern** umgeben.

Die Blüten dienen der Fortpflanzung. Bei den Staubblättern handelt es sich um männliche Teile der Blüten. Sie produzieren Blütenstaub (Pollen), der die männlichen **Samenzellen** enthält. Im Fruchtknoten der Fruchtblätter befinden sich die Samenanlagen. Sie enthalten die **Eizellen.** Fruchtblätter sind die weiblichen Teile der Blüte.

Blüten dienen der Fortpflanzung. Ihr Grundaufbau ist gleich.

Erforsche es

Blütenuntersuchung

Aufgabe:
Untersuche die Blüte einer Pflanze.

Materialien:
Pinzette, Lupe, Zeichenpapier, Bleistift, *Knoblauchsrauke,* Klebefolie

Durchführung:
1. Betrachte die Blüte mit einer Lupe und benenne die einzelnen Blütenteile.
2. Fertige ein Legebild an.
   Zerlege dazu die Blüte mit einer Pinzette vorsichtig in ihre Bestandteile. Beginne mit den Kelchblättern.
   Lege die Blütenblätter nun entsprechend ihrer Anordnung in der Blüte auf eine mit Klebefolie bespannte Unterlage (Klebeseite nach oben).

Blüte (schematisch)

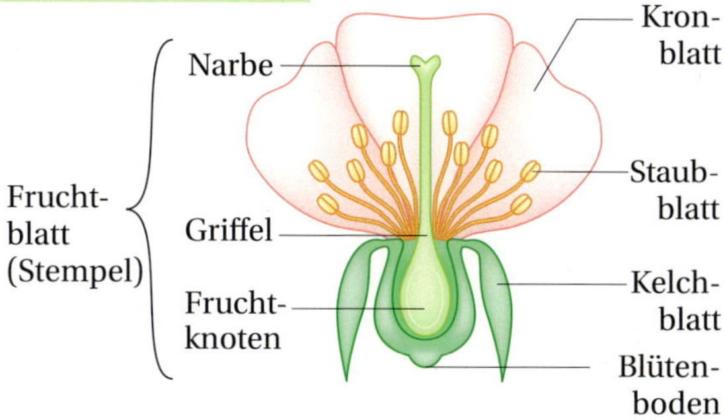

Legebild

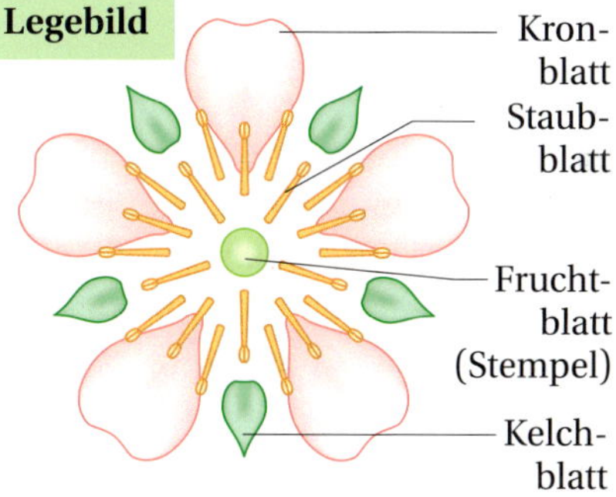

Aufgaben

1 Die Blüte dient der geschlechtlichen Fortpflanzung. Begründe diesen Satz. Lies dazu noch einmal den Text auf Seite 166. ↗ S. 55

2 Finde jeweils eine Pflanze, deren Blüte blaue, rote, gelbe bzw. weiße Kronblätter besitzt. Benenne die Pflanzen.

3 Finde jeweils eine Pflanze, deren Kronblätter frei sind bzw. deren Kronblätter miteinander verwachsen sind. Benenne die Pflanzen.

4 Die Linde hat interessante Blüten und Früchte. Zur Blütezeit strömt sie einen süßen Duft aus, und es summt und brummt in ihrer Baumkrone.
Beschreibe Lindenblüten anhand der folgenden Abbildung und erläutere, wie daraus die Früchte werden.

Von den Blüten zu Früchten und Samen

Im Frühjahr fallen die blühenden Obstbäume auf. Im Sommer sind diese Blüten verblüht. Dafür entdeckst du erst grüne und später reife Früchte an den Bäumen. Was ist passiert?

Bienen übertragen bei ihrer Nahrungssuche Pollen von einer Blüte auf die Narbe einer anderen Blüte der gleichen Art. Diese **Bestäubung** ist die Voraussetzung für die Entwicklung von Früchten und Samen.
Die Bestäubung kann **durch Insekten** (z. B. bei Obstbäumen) oder **durch den Wind** (bei vielen Gräsern) erfolgen.
Trifft der Pollen auf die Narbe einer Blüte, gelangen männliche Samenzellen durch den Griffel zur Samenanlage. Dort verschmilzt eine Samenzelle mit einer Eizelle. Die Eizelle ist **befruchtet.**

Nach der Befruchtung entwickelt sich aus der Samenanlage mit der befruchteten Eizelle der Samen mit dem Keimling. Aus dem Fruchtknoten bildet sich die Frucht.

- Schildere unter Nutzung der Abbildung, wie sich aus einer Kirschblüte eine Kirsche entwickelt.

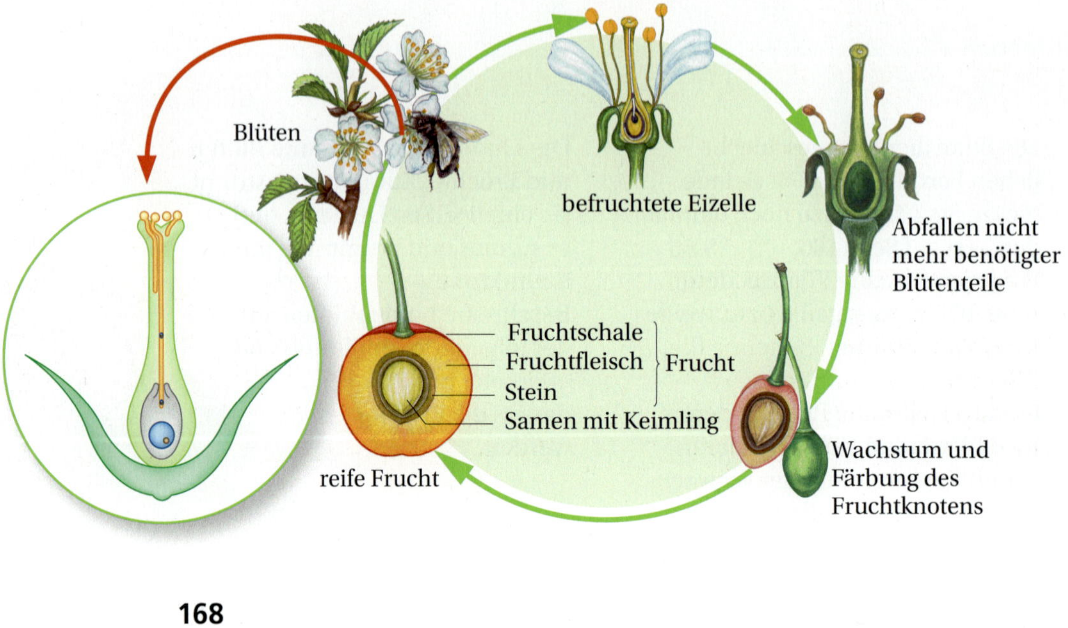

Verschiedene Fruchtformen

Steinfrucht

Beispiel: *Aprikose*

Nuss

Beispiel: *Haselnuss*

Beere

Beispiel: *Tomate*

Kapsel

Beispiel: *Mohn*

Hülse

Beispiel: *Erbse*

Schote

Beispiel: *Raps*

Finde jeweils mindestens ein weiteres Beispiel.

Aufgaben

1 Übernimm folgende Tabelle in dein Heft und fülle sie aus:

Aus dem/der …	entwickelt sich die /der …
Fruchtknoten	
Samenanlage	
Eizelle	

2 Wiederhole die Bedeutung der Begriffe Begattung, Bestäubung und Befruchtung.

3 Blüten werden durch Insekten oder durch den Wind bestäubt. Finde und beschreibe je zwei Beispiele. ↗ S. 13

4 Schau dir einen Bohnensamen mit der Lupe an. Lege den Samen erst einen Tag in Wasser, damit du ihn leichter öffnen kannst.

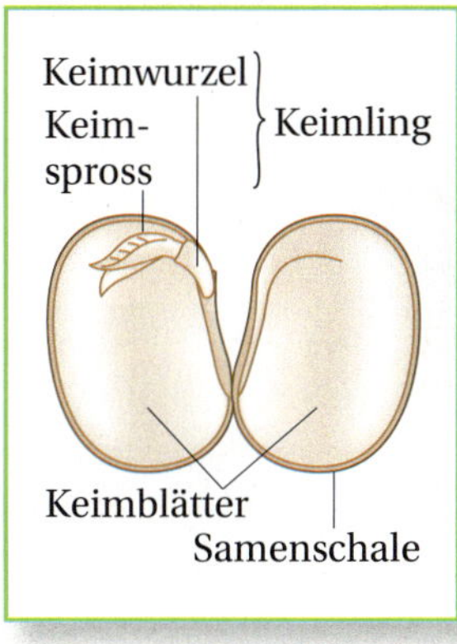

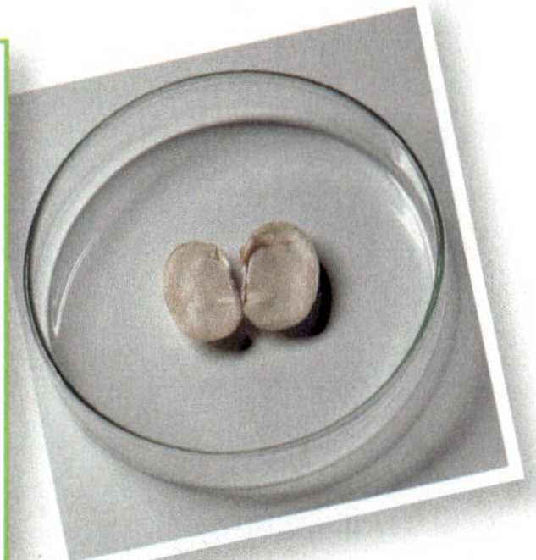

Erforsche es

Untersuchungen an Samen

1. Aufgabe:
Untersuche die Quellung von Samen.

Materialien:
Bohnensamen, Becherglas, Filzstift, Wasser

Durchführung:
Fülle ein Becherglas zu einem Drittel mit Bohnensamen. Markiere die Höhe mit einem Filzstift. Gieß nun so viel Wasser hinein, bis die Bohnensamen bedeckt sind.
Lass das Becherglas einige Tage stehen.

Beobachtung und Auswertung:
Notiere alle Veränderungen. Erkläre deine Beobachtungen.

2. Aufgabe:
Ermittle, welche Bedingungen Samen zum Keimen brauchen.

Materialien:
5 Blumentöpfe, Erde, Wasser, Kressesamen oder Bohnensamen

Durchführung:
Fülle in fünf Blumentöpfchen Erde.
Lege in alle Blumentöpfe die gleiche Anzahl von Samen.
Setze die Samen eine Woche lang unterschiedlichen Bedingungen aus. Orientiere dich an den Fotos unten.

Beobachtung:
Beobachte und vergleiche die Entwicklung der Samen in den fünf Blumentöpfen innerhalb der Woche. Notiere die Beobachtungen in einer Tabelle.

Auswertung:
Leite aus deinen Ergebnissen ab, unter welchen Bedingungen Samen keimen.

1. **Erde:** feucht;
   Ort: warm, hell; Luft
2. **Erde:** feucht;
   Ort: warm, dunkel; Luft
3. **Erde:** feucht;
   Ort: kalt, hell; Luft
4. **Erde:** feucht;
   Ort: warm, hell; ohne Luft
5. **Erde:** trocken;
   Ort: warm, hell; Luft

Wusstest du schon…

Tricksen mit Blüten, Samen und Früchten

Hast du dich schon einmal gefragt, warum einige Blüten so auffallende Farben und Formen haben?
Pflanzen sind an einem Ort fest verwurzelt. Trotzdem muss der Pollen von einer Blüte zur anderen gelangen. Mit den auffallenden Blüten werden Insekten angelockt. Auch das Nektarangebot dient diesem Zweck. Meist muss das Insekt tief in die Blüte hineinkriechen und wird so vom Blütenstaub völlig bepudert.
Bei einer Salbeiblüte bewegen sich die Staubblätter sogar auf die Hummel zu, wenn sie sich den Nektar vom Blütengrund holt.

Wird eine Blüte durch den Wind bestäubt, ist sie sehr unauffällig. Allerdings hängen ihre Staubblätter aus der Blüte heraus. So wird jeder Luftzug genutzt. Du kannst das im Sommer auf einer ungemähten Wiese sehr gut beobachten.

Die reifen Früchte und Samen sollen ebenfalls möglichst weit fortgetragen werden. Dazu haben die Früchte und Samen Einrichtungen entwickelt, die der Verbreitung dienen.

Interessant ist das *Springkraut.* Sind die Früchte reif, musst du sie nur antippen. Dann springt die Frucht plötzlich auseinander und die Samen werden weggeschleudert.

Bestimmt kennst du die Pusteblume des *Löwenzahns.* Durch die Härchen am Schirm wird die Oberfläche vergrößert und der Wind weht die Schirmchen bis zu 10 km weit weg.

Oft sind Tiere an der Verbreitung beteiligt. Viele Bäume und Sträucher haben besonders rote Früchte. Damit locken sie Vögel und andere Tiere. Diese fressen die Früchte und scheiden die unverdauten Samen wieder aus.
Kletten bleiben mit ihren Widerhaken im Fell der Tiere hängen und werden so verbreitet.
Ameisen fressen die süßen Anhänge der Früchte von *Leberblümchen* und *Veilchen* und lassen die Samen liegen.

Informierst du dich in anderen Medien, findest du selbst weitere Beispiele für pflanzliche Verbreitungstricks.

Es geht auch ohne Blüte – ungeschlechtliche Fortpflanzung

Falsch gelagerte Kartoffeln keimen. Was würde mit dieser Kartoffel passieren, wenn du sie in die Erde legst?

Du weißt bestimmt schon, dass sich aus einer Kartoffel bei günstigen Bedingungen eine neue *Kartoffelpflanze* entwickelt.
Diese bildet dann ebenfalls wieder neue Sprossknollen aus.
Landwirte vermehren *Kartoffelpflanzen* auf diese Art. Dabei entstehen die Jungpflanzen nicht aus Samen, sondern aus anderen Pflanzenteilen.

Diese Art der Vermehrung heißt **ungeschlechtliche Fortpflanzung.**

Aus welchen Pflanzenteilen sich Jungpflanzen entwickeln, ist von Art zu Art verschieden.

Die ungeschlechtliche Fortpflanzung wird im Gartenbau und in der Landwirtschaft zur Vermehrung von Kultur- und Zierpflanzen eingesetzt. Sie hat gegenüber der geschlechtlichen Fortpflanzung einige Vorteile:
- Die Vermehrung aus Teilen der Mutterpflanze geht viel schneller. Es muss keine Blütenbildung abgewartet werden.
- Die Tochterpflanzen haben die gleichen Merkmale wie die Mutterpflanze.

Bei der ungeschlechtlichen Fortpflanzung bilden sich Jungpflanzen aus Teilen der Mutterpflanze.

Formen der ungeschlechtlichen Fortpflanzung bei Samenpflanzen

Ausläufer (oberirdische Triebe) Erdbeere

Ausläufer (unterirdische Triebe) Quecke

Tochterzwiebeln Tulpe

Wurzelstock Busch-Windröschen

Sprossknolle Kartoffel

Wurzelknollen Dahlie

Erforsche es

Vermehrung über Stecklinge

Aufgabe:
Vermehrt eine Weide über Stecklinge. Fertigt ein Protokoll an.

Materialien:
Vase, Wasser, frische Zweige einer *Korkenzieher-Weide*

Durchführung:
Stellt die Weidenzweige in eine Vase mit Wasser.
Kontrolliert jede Woche und wechselt das Wasser.

Wenn sich Wurzeln gebildet haben, pflanzt die Zweige im Schulgarten oder im eigenen Garten ein.

Beobachtung und Auswertung:
Notiert wöchentlich die beobachteten Veränderungen an den Zweigen.

Aufgaben

1. Vergleiche die geschlechtliche und die ungeschlechtliche Fortpflanzung bei Samenpflanzen. ↗ S. 23
2. Erkundet in einer Gärtnerei oder zu Hause Beispiele für die ungeschlechtliche Vermehrung bei Samenpflanzen.
3. Die Wurzelknollen der Dahlien werden vor dem Winter aus dem Boden genommen. Herr Meyer teilt das Gebilde und gibt die Hälfte einem Bekannten. Wird er im nächsten Jahr weniger Dahlienpflanzen haben? Begründe deine Meinung. ↗ S. 55
4. Deute folgendes Foto.

Das hast du gelernt

Fortpflanzung und Entwicklung von Samenpflanzen

Bei der **geschlechtlichen Fortpflanzung** verschmelzen Eizelle und Samenzelle miteinander. Aus der befruchteten Eizelle entwickelt sich der Keimling.

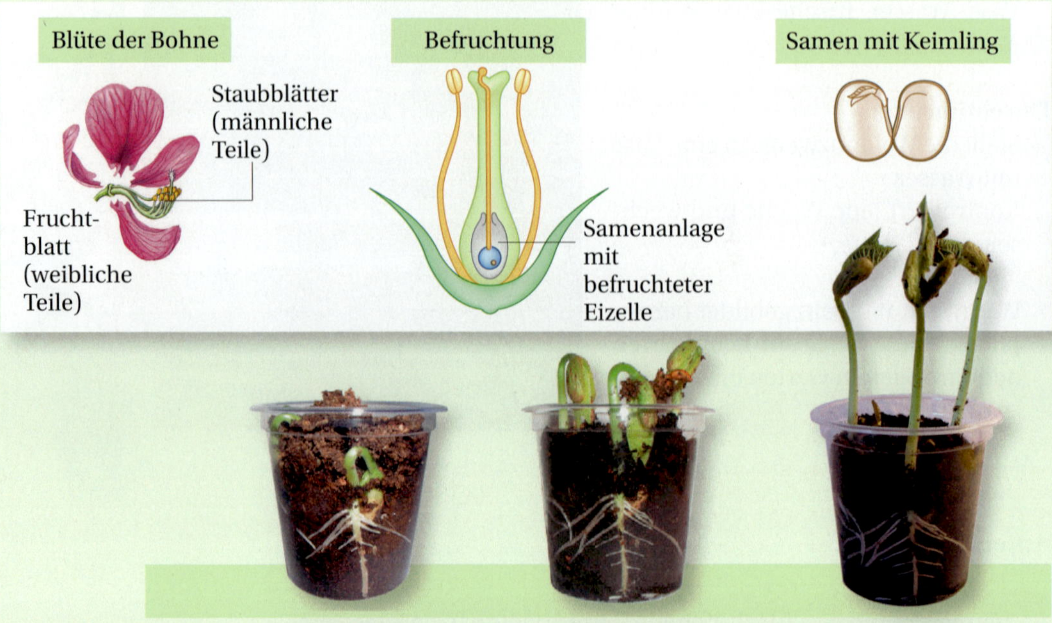

Samen keimen, wenn Wasser, Luft (Sauerstoff) und eine günstige Temperatur vorhanden sind. Aus dem Keimling entwickelt sich die Jungpflanze.

Bei der **ungeschlechtlichen Fortpflanzung** bilden sich die Jungpflanzen aus Teilen der Mutterpflanze.

Löse mit Köpfchen

1. Bestäubung bei Samenpflanzen

a) Erläutere den Begriff Bestäubung.

b) Es gibt verschiedene Formen der Bestäubung.
Nenne sie und notiere für jede Gruppe ein Beispiel.

2. Verschiedene Pollenkörner

a) Betrachte Pollenkörner von verschiedenen Pflanzen (z. B. Kiefer, Stockrose) mit der Lupe. Fertige Skizzen von beiden Pollenkörnern an. Vergleiche. ↗ S. 23

b) Sieh dir die elektronenmikroskopische Aufnahme eines Pollenkorns vom Löwenzahn an. Äußere eine Vermutung darüber, wozu die Zacken und Häkchen dienen könnten.

3. Aber bitte trocken!

In Lagerräumen und Verkaufseinrichtungen müssen Samen immer trocken gelagert werden.
Begründe diese Maßnahme.
↗ S. 55

4. Duftende Blüten

a) Lindenblüten duften sehr intensiv nach Honig. Das ist eine Anpassung an die Bestäubung durch Insekten. Erkläre diesen Zusammenhang. ↗ S. 32

b) Beschreibe, wie aus den Lindenblüten Früchte werden. ↗ S. 13

5. Gute Flieger

Nehmt eine durchsichtige Glasröhre (Länge 1 m, Durchmesser 3 bis 5 cm). Befestigt die Röhre senkrecht am Stativ. Stellt die Apparatur auf den Tisch. Lasst einen Löwenzahnsamen durch die Röhre nach unten schweben und stoppt die Zeit.
Wie lange braucht der Samen vom Loslassen bis zum Berühren des Bodens? Schweben verschiedene Samen gleich schnell?
Wiederholt den Versuch mit Samen anderer Pflanzen (z. B. Ahorn, Linde). Erläutert, wie diese Früchte verbreitet werden. ↗ S. 194

Was blüht denn da?

Im späten Frühjahr entdeckst du oft gelbe Felder. Der Raps blüht. Schau dir die Blüte genau an. Findest du ähnlich gebaute Blüten?

Raps stammt ursprünglich aus dem Mittelmeerraum und wird heute auf vielen landwirtschaftlichen Flächen angebaut. Die Samen sind sehr ölhaltig. Sie werden für die Produktion von Speiseöl und Biodiesel genutzt.
Betrachtest du Rapsblüten, fallen dir gemeinsame Merkmale auf. Die untere Abbildung zeigt diese **Merkmale.**

Der Aufbau der Rapsblüte ist für alle **Kreuzblütengewächse** typisch.

Ähnlich gebaute Blüten haben beispielsweise auch der *Acker-Senf,* das *Hirtentäschel* und das *Wiesen-Schaumkraut.*
Die **Früchte** der Kreuzblütengewächse heißen **Schötchen** bzw. **Schoten.**

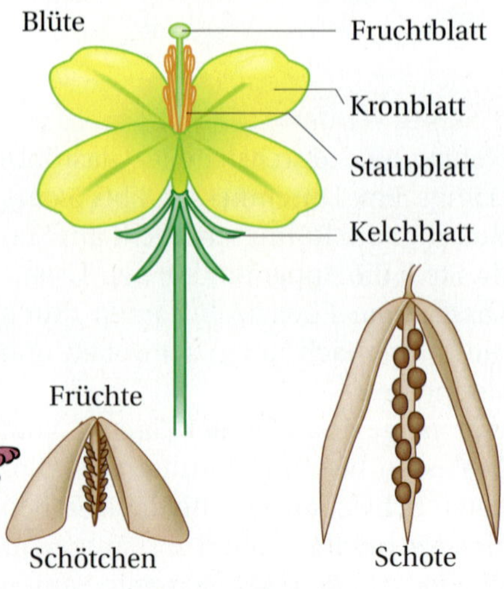

Legebild

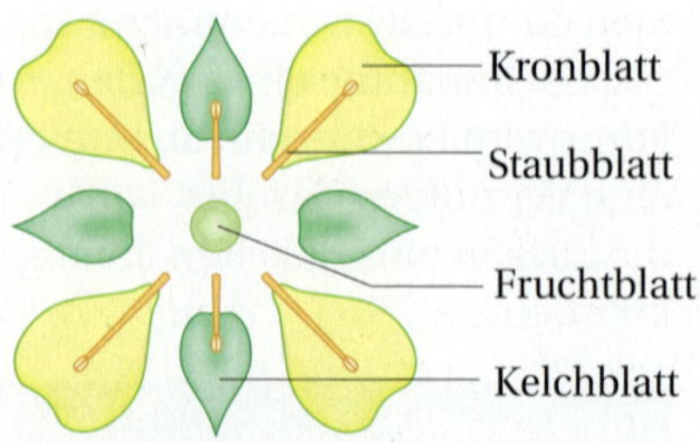

- 4 Kelchblätter
- 4 Kronblätter
- 6 Staubblätter (2 kürzer, 4 längere)
- 1 Stempel (2 miteinander verwachsene Fruchtblätter)

■ Fertige ein Legebild einer Rapsblüte an und finde die Blütenmerkmale der Kreuzblütengewächse wieder.

Kreuzblütengewächse – Verwandte vom Raps

Suche die abgebildeten Kreuzblütengewächse in deiner Umgebung. Notiere jeweils, wo du die Pflanze entdeckt hast.

Aufgaben

1 Lies den Text auf der Seite 176 noch einmal durch. Formuliere einen Merksatz. Nutze dazu die fettgedruckten Begriffe.

2 Vergleiche die beiden Blüten. Entscheide, ob das Busch-Windröschen auch zu den Kreuzblütengewächsen gehört. ↗ S. 23

3 Kresse kannst du aus Samen ziehen. Sie schmeckt lecker auf einem Butterbrot oder würzt den Salat.

Finde heraus, zu welcher Pflanzenfamilie die Kresse gehört. Wie könntest du vorgehen, um diese Information zu bekommen?

Steckbrief

Rosengewächse

Merkmale

männliche und weibliche Teile in einer Blüte; meist 5 frei stehende Kelchblätter, 5 Kronblätter, oft viele Staubblätter, 1 oder viele Fruchtblätter; Früchte: z. B. Nüsse, Steinfrüchte, Kapseln

Beispiele: *Hunds-Rose* (↗ Abb.), *Erdbeere, Schlehe, Birne, Apfel*

Steckbrief

Schmetterlingsblütengewächse

Merkmale

männliche und weibliche Teile in einer schmetterlingsförmigen Blüte; meist 5 Kelchblätter, 2 unterschiedlich gestaltete Kronblätter, 10 Staubblätter; Laubblätter zusammengesetzt; Früchte: Hülsen

Beispiele: *Luzerne, Lupinen, Gelber Besenginster* (↗ Abb.), *Klee*

Steckbrief

Korbblütengewächse

Merkmale

Einzelblüten in Körben (täuschen oft eine Einzelblüte vor); Einzelblüten können Zungenblüten oder Röhrenblüten sein

Beispiele: *Huflattich, Gänseblümchen, Aster, Distel, Schafgarbe, Kamille, Sonnenblume* (↗ Abb.)

Steckbrief

Lippenblütengewächse

Merkmale

männliche und weibliche Teile in einer Blüte; 5 Kronblätter (2 zur Oberlippe, 3 zur Unterlippe verwachsen), 4 Staubblätter (2 lange, 2 kurze); Stängel meist vierkantig

Beispiele: *Salbei, Thymian, Ziest, Basilikum, Taubnessel, Goldnessel* (↗ Abb.)

Steckbrief

Hahnenfußgewächse

Merkmale

männliche und weibliche Teile in einer Blüte; Blütenhülle einfach oder in Kelch- und Kronblätter gegliedert, viele Staubbeutel, meist auch viele Fruchtblätter; Blätter meist geteilt

Beispiele: *Rittersporn, Hahnenfuß, Leberblümchen, Busch-Windröschen, Scharbockskraut* (↗ Abb.)

Steckbrief

Kieferngewächse

Merkmale

getrennte weibliche und männliche Blüten; weibliche Blüten oft in verholzten Zapfen; Blätter nadelförmig; meist Bäume

Beispiele: *Kiefern* (↗ Abb.), *Lärchen, Fichten, Tannen*

Wusstest du schon…

Pflanzen bestimmen, aber wie?

Bei einem Spaziergang findest du eine schöne Pflanze, die du nicht kennst. Du möchtest gern wissen, wie sie heißt und zu welcher Pflanzenfamilie sie gehört. Du kannst die Pflanze bestimmen.

Beim Bestimmen ermittelst du den Namen einer unbekannten Pflanze. Außerdem ordnest du die Pflanze einer systematischen Gruppe (z. B. einer Familie) zu. Es gibt mehrere Möglichkeiten, den Namen herauszufinden:

unbekannte Taubnessel

1 Blüte goldgelb
Goldnessel

1* Blüten weiß, rosa oder rot

2 Blüten weiß
Weiße Taubnessel

2* Blüten rosa oder rot

3 obere Laubblätter stängelumfassend, untere gestielt
Stängelumfassende Taubnessel

3* obere Laubblätter gestielt, nie stängelumfassend
Purpurrote Taubnessel

Bestimmen mithilfe von Abbildungen
Du vergleichst eine dir unbekannte Pflanze mit vorhandenen Abbildungen. Dabei sind der Standort und die Blütenfarbe wichtige Merkmale.
Es kann aber zu Irrtümern kommen, da sich manche Pflanzen sehr ähneln.

Bestimmen mithilfe eines Bestimmungsschlüssels
Du bestimmst die Pflanze mithilfe eines Bestimmungsschlüssels. Das ist ein viel sicherer Weg. In der Regel ist in einem Bestimmungsschlüssel immer ein gegensätzliches Merkmalspaar angegeben.
Du vergleichst die dir unbekannte Pflanze jeweils mit dem Merkmalspaar. Dann entscheidest du, welches der beiden Merkmale (z. B. 1 oder 1*) zutrifft. So gehst du Schritt für Schritt vor, bis du bei dem Namen der Pflanze angelangt bist.
Damit weißt du auch, zu welcher systematischen Gruppe (z. B. Familie) sie gehört.

Wie ein solcher Bestimmungsschlüssel aufgebaut ist, zeigt dir die Übersicht. (Dabei handelt es sich um einen Ausschnitt des Bestimmungsschlüssels.)
Diese bildhafte Form benötigt viel Platz. Sie ist daher in vielen Bestimmungsbüchern als Tabelle gestaltet.

Übrigens: Die *Goldnessel* und die drei Taubnesselarten in der Übersicht gehören zur Familie der Lippenblütengewächse.

Was heißt denn das? – Merkmale verstehen

Bau des Stängels
Der Stängel kann holzig oder krautig sein. Bei krautigen Pflanzen kann er z. B. rund (a), gefurcht (b) oder dreikantig (c) bzw. vierkantig (d) ausgebildet sein.

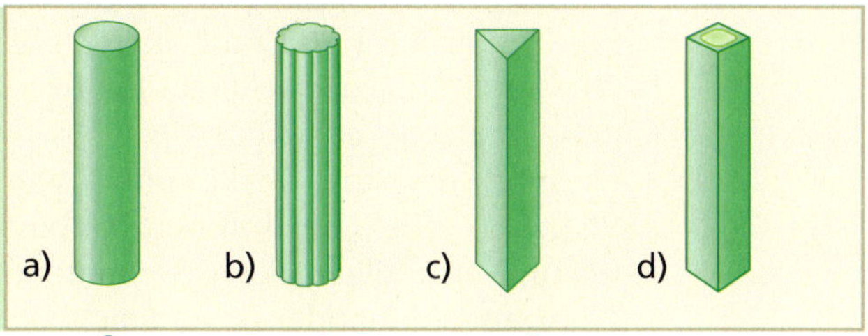

Stellung der Blätter am Stängel
Blätter können z. B. gegenständig (a), wechselständig (b) oder quirlständig (c) angeordnet sein.

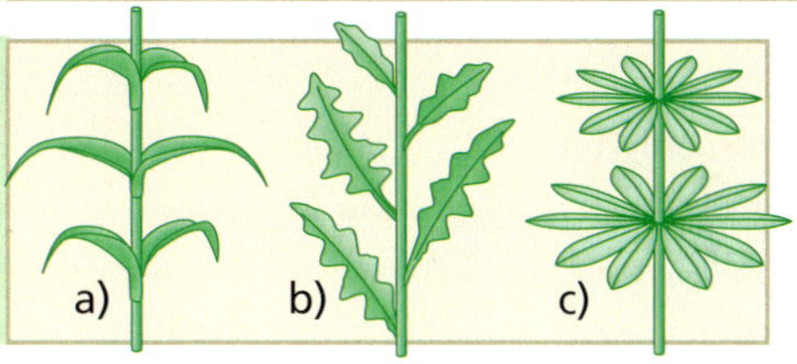

Gestalt der Blätter
Blätter können sehr vielgestaltig sein: pfeilförmig (a), nierenförmig (b), eiförmig (d) oder herzförmig (e) sein. Die Blätter können einfach (d) oder zusammengesetzt (c) sein. Die Blattränder sind verschieden ausgebildet, z. B. ganzrandig (d), gekerbt (e).

Bau der Blüte
Die Blütenfarbe ist ein wichtiges Bestimmungsmerkmal. Die Blüten haben außerdem einen unterschiedlichen Bau.
Die Kronblätter können frei (a) oder verwachsen (b) sein. Sie können gleich (a) oder ungleich (c) und verschiedenfarbig sein.
Die Blüten können einzeln stehen (a, b, c) oder in einem Blütenstand vereint sein (d).

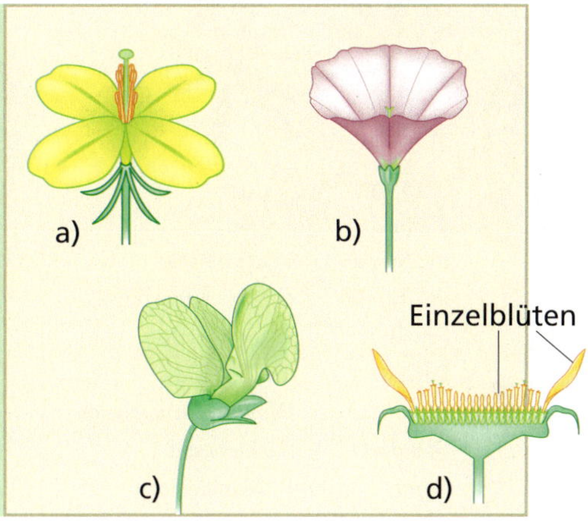

So kannst du vorgehen

Anlegen eines Herbariums

Ein Herbarium (lat. Kraut: *herbar*) ist eine Sammlung getrockneter Pflanzen bzw. Pflanzenteile.
Es zeigt Art und Vorkommen von Pflanzen eines bestimmten Gebietes und ermöglicht dir, verschiedene Pflanzen miteinander zu vergleichen.

► Schritt 1

Bestimme und sammle Pflanzen.
Bestimme die Pflanze und überzeuge dich davon, dass sie nicht geschützt ist. Sammle möglichst vollständige Pflanzen. Notiere Datum, Fundort und eventuell Besonderheiten des Gebiets.

► Schritt 2

Presse und trockne Pflanzen.

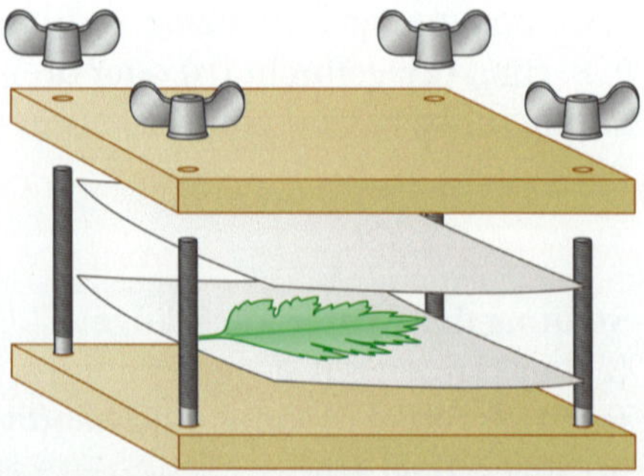

In der Pflanzenpresse kannst du mehrere Lagen gleichzeitig trocknen und pressen. Kontrolliere das Zeitungspapier alle zwei bis drei Tage und tausche es eventuell gegen trockenes Papier aus.

► Schritt 3

Klebe die gepressten Pflanzen auf.
Klebe die Pflanze mithilfe von Klebestreifen auf Zeichenkarton auf.

► Schritt 4

Beschrifte das Herbarblatt.
Notiere mindestens den Namen der Pflanze, das Datum und den Fundort.

► Schritt 5

Ordne die Herbarblätter.
Ordne deine Herbarblätter z. B. nach Pflanzenfamilien oder nach dem Fundort. Stelle ein Deckblatt her.

So kannst du vorgehen

Herstellen eines Fotoherbariums

Du kannst anstelle der gepressten Pflanzen auch Fotos nutzen.
Versuche, mit der Makrofunktion des Fotoapparats die Blüte und die Blätter extra zu fotografieren.

▶ Schritt 1

Bestimme und fotografiere die Pflanze.

Fertige so viele Fotos wie möglich an. Notiere Datum, Fundort und Besonderheiten des Gebietes.

▶ Schritt 2

Stelle das Herbarblatt her.

Wähle geeignete Fotos aus und gehe dann vor wie in Schritt 4 und 5 auf der Seite 182.

Tipp: Mit einem Computer kannst du ein digitales Herbarium anlegen.
Vielleicht hast du zu Hause einen Computer oder du darfst einen Computer in der Schule nutzen. Frage deine Lehrerin oder deinen Lehrer.

Scharbockskraut

Blütenfarbe	Gelb
Blütezeit	März – April
Pflanzengröße	5 – 15 cm
Lebensdauer	mehrjährige Pflanze
Besonderheiten	In den Blattachseln stehen kleine Brutknöllchen, die durch Gewitterregen ausgeschwemmt werden und zu neuen Pflanzen heranwachsen.
Standort	Krautschicht, bedeckt großflächig die Böden feuchter Auwälder und Mischwälder
Fundort	Dölauer Heide
Aufnahmedatum	15.04.2008/08:49
Name	P. Mustermann

Das hast du gelernt

Was blüht denn da?

Die Blüten der Samenpflanzen sind vielgestaltig. Obwohl der Grundbau der Blüten gleich ist, sind die Teile der Blüten bei den einzelnen Pflanzen sehr unterschiedlich geformt.

Familie:
Kreuzblütengewächse

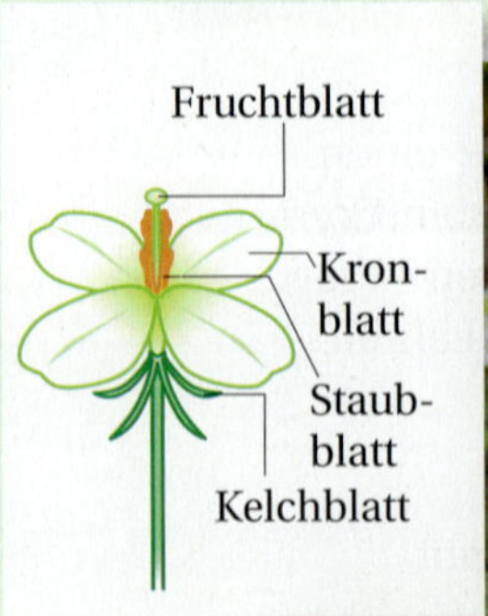

Beispiel:
Knoblauchsrauke

Familie:
Lippenblütengewächse

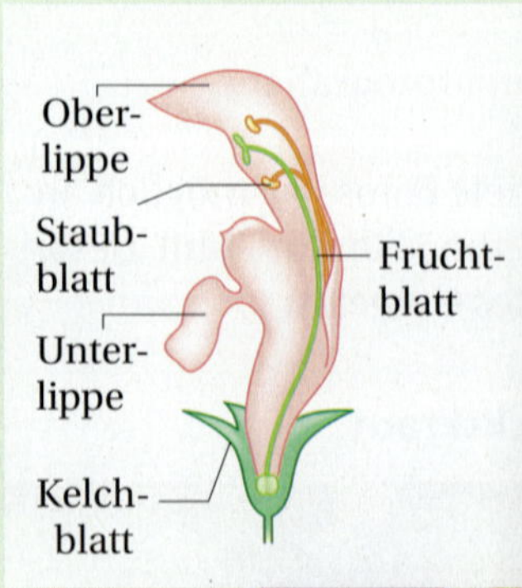

Beispiel:
Basilikum

Der Standort, die Blütenform und der besondere Bau der Blüten sind wichtige Bestimmungsmerkmale.

Zum Bestimmen kannst du unterschiedliche Bestimmungbücher nutzen.

Bestimmen nach Abbildungen

unbekannte Taubnessel

1 Blüte goldgelb *Goldnessel*	**1*** Blüten weiß, rosa oder rot

Bestimmen nach Bestimmungsschlüssel

Löse mit Köpfchen

1. Pflanzenquiz

a) Findet jeweils zwei Vertreter der Pflanzenfamilien auf den Seiten 178/179. Bestimmt und fotografiert sie. Habt ihr keinen Fotoapparat, sucht geeignete Bilder in Zeitschriften oder im Internet.

b) Fertigt Steckbriefe für verschiedene Pflanzen an. Gestaltet einen Quiz.

Gesucht wird

2. Gewürzpflanzen erkennen

Bereitet ein Duft-Ratespiel mit verschiedenen Lippenblütengewächsen vor. Füllt jeweils die zerschnittenen Blätter in eine Schachtel, die mit einem durchlöcherten Deckel verschlossen wird. Könnt ihr die Art am Duft erkennen?

3. Essbare Kreuzblütengewächse

Die unterschiedlichen Kohlsorten, Radieschen, Meerrettich u. a. gehören zu den Kreuzblütengewächsen. Informiere dich über diese Nutzpflanzen. Stelle deiner Lerngruppe deine gesammelten Informationen in einem Vortrag vor.

4. Kniffliges

Eine Freundin erzählt von der Ernte im Garten. Die Familie hätte dieses Jahr viele Erbsen gesät und daher eine Menge Schoten geerntet.
In diese Aussage hat sich ein Fehler eingeschlichen. Finde ihn.

5. Bestimme die abgebildeten Pflanzen.

a) Erläutere zunächst, wie du beim Bestimmen vorgehst und nenne Merkmale, die du dazu heranziehst.

b) Zu welcher Familie gehören die Pflanzen? Begründe, warum beide zur selben Familie gehören.
↗ S. 55

5 Teste dich selbst

Wähle aus.

1 Gänseblümchen, Mammutbaum und Wasserlinse gehören zu den Samenpflanzen. Samenpflanzen stimmen in ihrem Grundbauplan überein. Welche Aussage trifft zu?
- A Alle Samenpflanzen sind in Wurzel und Sprossachse gegliedert.
- B Alle Samenpflanzen sind in Wurzel und Spross gegliedert.
- C Alle Samenpflanzen sind in Wurzel und Sprossachse mit Laubblättern und Blüten gegliedert.

2 Eine Eiche benötigt zum Leben
- A Wasser und Brot.
- B Wasser, Kohlenstoffdioxid und Mineralstoffe.
- C Mineralstoffe, Licht, Wasser, Kohlenstoffdioxid.

3 Das Busch-Windröschen
- A kann so früh im Jahr blühen, weil es die nötigen Reservestoffe in einer Zwiebel gespeichert hat.
- B kann so früh im Jahr blühen, weil es die nötigen Reservestoffe in einer Sprossknolle gespeichert hat.
- C kann so früh im Jahr blühen, weil es die nötigen Reservestoffe in einem Wurzelstock gespeichert hat.

4 Welche Beobachtung erwartest du bei folgendem Experiment?

- A Wasser wird über die Wurzeln aufgenommen und über Blätter abgegeben. Darum wird der Wasserstand am nächsten Tag deutlich niedriger sein.
- B Der Wasserstand wird sich nach einem Tag nicht verändert haben. Das Wasser kann wegen der Ölschicht nicht verdunsten.

5 Einige Pflanzen sind an trockene Standorte angepasst. Sie besitzen
- A Blätter, die eine kleine Oberfläche aufweisen und die von einer Wachsschicht überzogen sind.
- B zu Dornen umgebildete Blätter.
- C große, dünne Blätter, die von einer Wachsschicht überzogen sind.

6 Pflanzen werden aufgrund bestimmter Merkmale in Familien eingeteilt. Zu welcher Familie gehört der Gemeine Erbsenstrauch?
- A Kreuzblütengewächse
- B Lippenblütengewächse
- C Schmetterlingsblütengewächse.

Beantworte ausführlich.

1 Benenne die Teile der Samenpflanze und gib ihre Funktion an.

2 Imker stellen ihre Bienenstöcke u. a. in der Nähe von Rapsfeldern auf.

a) Erkläre den Begriff „Bienenweide" im Zusammenhang mit Rapsfeldern.

b) Begründe, warum Bienen Einfluss auf den Ertrag eines Rapsfeldes haben.

c) Nenne Verwendungsmöglichkeiten von Raps. Erkläre dabei den Begriff „nachwachsende Rohstoffe".

d) Schildere die Entwicklung von der Rapsblüte bis zur Schote.

3 Schaut euch die folgenden Abbildungen genau an. Benennt diese Pflanzen und beschreibt, wie sie die kalte Jahreszeit überstehen.

4 Beschreibt die Angepasstheit einer Lippenblüte an die Insektenbestäubung. Führt dazu folgendes Experiment durch: Betrachtet eine Blüte des Wiesen-Salbeis mit einer Lupe. Achtet besonders auf das Innere der Blüte. Berührt nun die Platte mit einer Präpariernadel (Abb.). Beobachtet dabei die Staubblätter.

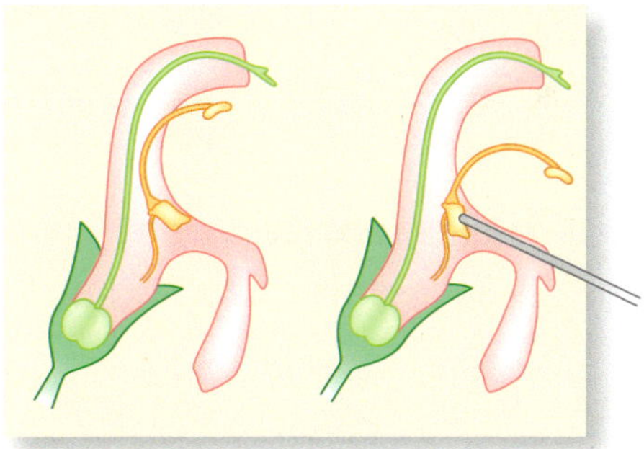

5 a) Beschreibe, wie die Früchte des Löwenzahns und der Klette verbreitet werden.

b) Finde jeweils ein weiteres Beispiel für diese Art der Verbeitung.

6

Lebensräume und ihre Bewohner

1 **Verschiedene Lebensräume**
Achtet bei einer Wanderung einmal genau auf die Landschaft. Beschreibt, was ihr seht. Vergleicht die unterschiedlichen Landschaftsformen miteinander. Könnt ihr die jeweiligen Bewohner entdecken?

2 **Was lebt denn da?**
Betrachtet das Bild auf dieser Seite. Stimmt hier alles?

3 **Wer oder was gehört zusammen?**
Fertigt verschiedene Aktionskärtchen an. Notiert auf jedem Kärtchen den Namen einer Pflanze oder eines Tiers und klebt von ihnen ein Bild auf. Mischt die Karten. Deckt die erste Karte auf. Passt die nächste Karte zu dem aufgedeckten Tier oder zu der Pflanze? Können sie sich in der Natur begegnen? Legt zusammengehörende Aktionskarten auf einen Stapel.

4 **Gibt es eine Beziehung?**
Nutzt zusammengehörende Aktionskarten. Könnt ihr eine Beziehung zwischen den aufgedeckten Lebewesen feststellen?

Lebensräume – von groß bis klein

Untersuche einen Baumstumpf. Wie viele verschiedene Lebewesen entdeckst du? Würdest du an einem anderen Ort zum selben Ergebnis kommen?

Sicher hast du schon vermutet, dass das Ergebnis der Untersuchung eines Baumstamms von vielen **Faktoren** abhängt. Zuerst einmal ist das Klima entscheidend. So wird der **Lebensraum** u. a. durch die Temperatur, die Feuchtigkeit des Bodens und der Luft, die Änderung der Verhältnisse im Jahresverlauf und vieles mehr bestimmt. In diesem Lebensraum findest du eine **Gemeinschaft von Lebewesen,** die an die herrschenden Bedingungen angepasst sind. Die Lebewesen beeinflussen sich auch gegenseitig. So ist es schon entscheidend, um welchen Baum es sich ehemals gehandelt hat.

Oft beeinflusst der Mensch einen Lebensraum – bei unserem Beispiel hat er den Baum gefällt und so einen neuen Lebensraum geschaffen.

Auf einer Wanderung kommst du z. B. an Wiesen, Wäldern, Hecken, aber auch an einer Fläche aus Gehwegplatten vorbei. Diese verschiedenen Lebensräume werden von ganz unterschiedlichen Lebewesen besiedelt.

- Lebensraum und Lebensgemeinschaft bilden eine Einheit mit vielen Wechselbeziehungen.

- Finde zu jedem Bild eine Abbildungsunterschrift.

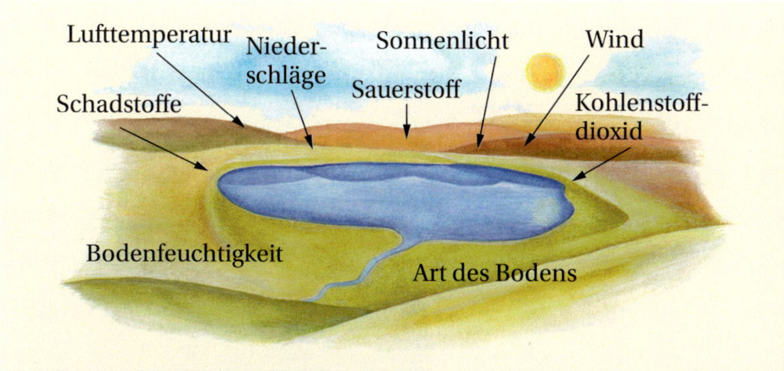

Lebensraum

Lebensstätte der Organismen, gekennzeichnet durch Klima, Wetter usw.

Lebensgemeinschaft

bestehend aus verschiedenen Lebewesen und den Beziehungen zwischen ihnen

Ökosystem

Einheit von Lebensraum und Lebensgemeinschaft

Aufgaben

1 Interpretiere die Abbildung oben.

2 Gib drei Beispiele für Wechselbeziehungen zwischen unterschiedlichen Lebewesen an. Erläutere deine Beispiele.

3 Nenne und beschreibe unterschiedliche Lebensräume. ↗ S. 13

4 Lebewesen können nur unter bestimmten Bedingungen leben. Finde zwei Beispiele, die die Richtigkeit dieser Aussage belegen.

Der Wald – ein vielschichtiger Lebensraum

Das Gemälde zeigt den Harzwald. Kannst du die Struktur von diesem Wald beschreiben?

Erforsche es

Schichten und Bewohner

Macht einen Waldspaziergang. Sucht euch eine geeignete Stelle, wo ihr vom Weg aus gut in den Wald hineinblicken könnt.
Fertigt eine Skizze von einem Waldausschnitt an.
Versucht, wichtige Lebewesen zu erkennen und beschriftet eure Skizze entsprechend.

In einem Wald fallen dir nicht nur die großen Bäume auf, sondern auch Sträucher und Kräuter. Du erkennst „Stockwerke" bzw. Schichten. Sie werden von den verschiedenen Pflanzen gebildet.

Von Schicht zu Schicht unterscheiden sich die Bedingungen. Die **Baumkronen** sind Wind und Sonne ausgesetzt. Die Blätter filtern Ruß und Staub aus der Luft und bilden Sauerstoff.
Pflanzen der **Strauchschicht** erhalten weniger Licht.
In der **Krautschicht** ist es am dunkelsten, jedoch windgeschützt und feucht. Moose der **Moosschicht** speichern das Wasser. Die Wurzeln im **Boden** halten das Erdreich fest und dienen ebenfalls als Wasserspeicher.

Jede Schicht wird von verschiedenen Tieren als Behausung oder Nahrungsquelle genutzt.
Manche Tiere, wie *Eichhörnchen,* können sich dabei zwischen den Schichten bewegen. Andere Tiere sind ausschließlich in einer Schicht zu finden, z. B. *Regenwürmer* im Boden.

Schichten des Waldes	Schichtbildende Pflanzen/Pilze	Tiere (Auswahl)
Obere Baumschicht (über 15 m)	Bäume, z. B. Stiel-Eiche, Trauben-Eiche, Rot-Buche, Kiefer, Tanne, Fichte	Eichhörnchen, Buntspecht, Nonne
Untere Baumschicht (5 bis 15 m)	Bäume, z. B. Feld-Ahorn, Eberesche, Traubenkirsche	Waldkauz, Eichelhäher, Habicht
Strauchschicht (0,5 bis 5 m)	Baumjungwuchs und Sträucher, z. B. Weißdorn-Arten, Vogelkirsche, Heckenrose, Roter Hartriegel, Hasel	Vogelarten
Krautschicht (0,1 bis 0,5 m)	krautige Pflanzen, z. B. Busch-Windröschen, Waldmeister, Gemeines Rispengras, Wurmfarn, Frauenfarn, Heidelbeere	Spinnen, Schmetterlinge
Moosschicht (bis 0,1 m)	Moose, Flechten, Pilze, z. B. Sternmoos, Torfmoos, Gelbflechte, Waldflechte, Birkenpilz, Fliegenpilz	Schlangen, Ameisen
Bodenschicht mit Wurzelstockwerken	Wurzeln der grünen Pflanzen, Pilzmyzel	Regenwurm, Asseln

Aufgaben

1. Lies den Text auf der Seite 192 noch einmal durch. Formuliere einen Merksatz.
2. Ordne die Pflanzen auf den Abbildungen einer Schicht des Waldes zu.
3. Fertige ein Herbarium oder ein Fotoherbarium von Pflanzen an, die du in der Krautschicht eines Waldes oder einer Hecke findest. Tipps findest du auf den Seiten 182 und 183.

So kannst du vorgehen

Wie experimentiere ich?

Ein Experiment ist eine Frage an die Natur. Stellst du sie richtig, bekommst du auch Antworten.
Willst du Erscheinungen aus der Natur zielgerichtet untersuchen, beobachtest du, nimmst Messdaten auf und wertest deine Ergebnisse unter deiner Fragestellung aus.

Beispiel: *Es heißt, dass Moospolster Wasser speichern können. Dadurch würden sie das Klima im Wald beeinflussen. Eigentlich sehen Moose gar nicht so aus. Speichern Moose wirklich Wasser?*

Um die Frage zu beantworten, kannst du ein Experiment durchführen. Gehe schrittweise vor.

► Schritt 1

Bereite das Experiment vor.
- Formuliere deine Aufgabenstellung genau.
- Überlege, welches Experiment geeignet ist, um deine Frage zu beantworten. Plane das Experiment.
- Leite ab, welche Geräte und Materialien du benötigst. Informiere dich, ob du besondere Vorschriften beachten musst.
- Fordere die Geräte und Materialien an und bereite deine Experimentieranordnung vor.

► Schritt 2

Führe das Experiment durch.
- Gehe nach deinem Plan aus Schritt 1 vor.
- Notiere alle Beobachtungen und Messwerte.

► Schritt 3

Werte das Experiment aus.
Deute deine Beobachtungen und beantworte deine Frage.

Jedes Experiment muss wiederholbar sein. Ein **Protokoll** hilft dir, dich zu erinnern und deine Ergebnisse festzuhalten. Darum orientierst du dich beim Protokollieren an den **Schritten des Experiments.**

Protokollbeispiel: Moose als Wasserspeicher

Aufgabe:

Überprüfe, ob ein Moospolster Wasser speichern kann. Schätze ein, ob Moose das Klima im Wald wirklich beeinflussen können.

Vorbereitung:

Materialien und Geräte:
Moospolster, Wasser, Glasgefäße, Messzylinder

Achtung: Einige Arten der Moose stehen unter Naturschutz und dürfen nicht entnommen werden. Darum sollte das Moospolster aus einem Garten stammen.

Durchführung:

1. Lege ein Moospolster einige Stunden in ein Gefäß mit Wasser.
2. Drücke danach das Wasser aus dem Moospolster über einem leeren Gefäß aus und bestimme die Wassermenge mit einem Messzylinder.

Beobachtung:

Volumen der Wassermenge: 125 ml

Auswertung:

Im Verhältnis zur Größe des Moospolsters war eine ziemlich große Menge Wasser gespeichert. Am Waldboden und an Baumstämmen wachsen viele Moospflanzen. Da sie offensichtlich viel Wasser speichern, können sie wirklich das Klima im Wald beeinflussen. So ist es im Wald feuchter als auf freien Flächen.

Erforsche es

Der Wald und seine Bewohner

Fertigt Aktionskarten für Lebewesen des Waldes an. Nutzt sie, um einiges über diesen Lebensraum und seine Bewohner herauszufinden.

1. Jeder zieht eine Karte.

a) Beschäftigt euch mit der Lebensweise eures Lebewesens und findet heraus, welche Bedeutung es im Wald hat.

b) Stellt euch zu mehreren Personen im Kreis auf. Der erste Mitspieler nennt das Lebewesen auf seiner Aktionskarte. Dann nimmt er das lose Ende eines Knäuels in eine Hand und wirft das Knäuel dem nächsten Mitspieler zu. Derjenige nennt wiederum das Lebewesen auf seiner Karte. Er beschreibt eine Beziehung zwischen seinem Lebewesen und dem des Vorgängers. Bald werdet ihr ein Beziehungsnetz „gestrickt" haben.

c) Was passiert mit dem Netz, wenn eine Art nicht mehr existiert? Probiert es aus: Legt dazu ein Beispiel fest. Derjenige, der die entsprechende Aktionskarte besitzt, lässt seine Fäden los. Beschreibt eure Beobachtung.

2. Ihr habt schon Aktionskarten zu anderen Lebensräumen gefertigt (↗ S. 189). Mischt eure Waldkarten mit diesen. Bildet Mannschaften und wählt einen Spielleiter. Dieser deckt jeweils eine Karte auf und der Mitspieler der jeweiligen Mannschaft entscheidet, ob das Lebewesen Bewohner des Waldes ist oder nicht. Für jede richtige Antwort gibt es einen Punkt. Welche Mannschaft kann die meisten Punkte sammeln?

3. Schreibt eine Geschichte zum Thema: „Die alte Eiche erzählt aus ihrem Leben“.

Könnt ihr euch vorstellen, was der Baum berichten könnte?

Die Schulklasse hatte Wandertag und machte am Waldrand Pause. Carola setzte sich etwas abseits unter einer alten Eiche hin. Sie saß ganz verträumt und still und plötzlich hörte sie eine tiefe, leise Stimme, die zu ihr sprach: . . .

4. Erfindet eine Geschichte über die Lebewesen im Wald. Mogelt ein paar Fehler in diese Geschichte. Finden die anderen die eingeschmuggelten Fehler, wenn ihr eure Geschichte vorlest?

Das hast du gelernt

Der Wald

Der Wald ist ein Ökosystem. In diesem Ökosystem leben ganz bestimmte Lebewesen zusammen (Lebensgemeinschaft). Die Zusammensetzung der Lebensgemeinschaft hängt von den herrschenden Bedingungen (Lebensraum) ab. Diese Bedingungen werden von der Lebensgemeinschaft mit beeinflusst.

Wind

im Inneren windgeschützter als außen

Licht

nimmt von außen nach innen und von oben nach unten ab

Temperatur

im Inneren (an schattigen Stellen) oft geringer als außen

Boden

beeinflusst durch Wurzeln und Bodenlebewesen

Wasser

im Inneren ist es feuchter als außen

Der Wald besteht aus verschiedenen Schichten. Von Schicht zu Schicht unterscheiden sich die Bedingungen. Sie bieten unterschiedlichen Lebewesen Lebensraum.

Löse mit Köpfchen

1. Waldbewohner gesucht
Stellt für drei Tiere und für drei Pflanzen des Waldes Steckbriefe zusammen.

2. Vielfältige Beziehungen
a) Zwischen den Lebewesen im Wald gibt es viele Beziehungen. Wähle zwei Beispiele aus und erläutere sie.

Sieh dir noch einmal das Schema auf der Seite 198 an.
Erkläre, warum sich die Bedingungen im Inneren des Waldes von denen auf einer Freifläche unterscheiden. ↗ S. 32

3. Ein illustriertes Gedicht
Zeichne zu folgendem Gedicht ein Bild oder einen Comic oder fertige eine Collage an.

Christian Morgenstern (1871 – 1914)

Die zwei Wurzeln

Zwei Tannenwurzeln groß und alt
unterhalten sich im Wald.

Was droben in den Wipfeln rauscht,
das wird hier unten ausgetauscht.

Ein altes Eichhorn sitzt dabei und
strickt wohl Strümpfe für die zwei.

Die eine sagt: knig. Die andre sagt:
knag. Das ist genug für einen Tag.

4. Geschichteter Wald
Lege eine Tabelle mit drei Spalten (Tier, Nahrung, Waldschicht) an.
Notiere in der Tabelle die folgenden Tiere und ergänze ihre Nahrung.

Gib an, in welcher Schicht des Waldes das jeweilige Tier hauptsächlich lebt.

5. Im Wandel der Jahreszeiten
a) Laubwälder verändern sich mit den Jahreszeiten. Beschreibe die Veränderungen und fertige eine Skizze an. Benenne die Ursachen. ↗ S. 13

b) Beschreibe die Veränderungen eines Nadelwaldes im Laufe eines Jahres und vergleiche sie mit den Veränderungen eines Laubwaldes. Versuche, die Unterschiede zu erklären. ↗ S. 23, 32

Der See – ein vielschichtiges Gewässer

Enten bewegen sich an Land unelegant – sie watscheln. Womit hängt dieser eigenartige Gang wohl zusammen?

Erforsche es

Zonen und Bewohner

Unternehmt einen Ausflug an einen See. Sucht euch eine geeignete Stelle, von wo aus ihr den See und das Ufer gut im Blick habt.
Fertigt eine Skizze von diesem Landschaftsausschnitt an. Versucht, folgende Lebewesen zu finden und den Abschnitten zuzuordnen. Welche Lebewesen könnt ihr noch entdecken?

Seen bieten Lebensraum für viele Organismen. Die *Enten* gehören zu der Lebensgemeinschaft eines Sees. Sie sind wie viele andere Organismen durch ihren Körperbau an das Leben im Wasser angepasst.

Schaust du genau hin, kannst du **unterschiedliche Zonen** erkennen. Jede Zone bildet einen eigenen Lebensraum und bietet unterschiedlichen Lebewesen geeignete Lebensbedingungen.

Am **Seeufer** gedeihen Pflanzen, die viel Feuchtigkeit benötigen, z. B. *Erlen, Moorbirken* und *Sumpfdotterblumen.* Hier leben *Landschnecken, Regenwürmer, Insekten* und *Frösche.* **Im flachen Wasser** hingegen entdeckst du *Schilf* und *Seerosen. Wasservögel* brüten hier und *Libellen* schwirren umher.
In der **Freiwasserzone** leben viele Kleinstlebewesen, von denen sich *Fische* ernähren.

Ein See ist in unterschiedliche Zonen gegliedert.

Unterschiedliche Zonen eines Sees

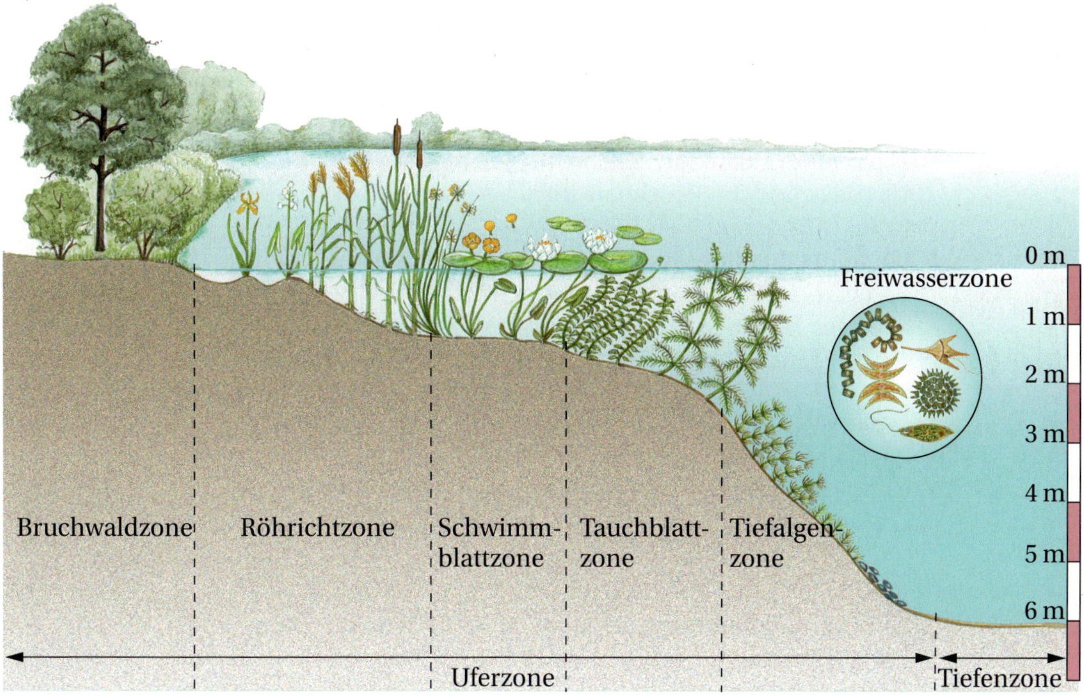

Aufgaben

1. Lege eine Tabelle an. Trage die Zonen eines Sees ein und notiere jeweils Tiere und Pflanzen, die in der jeweiligen Zone leben. Nutze dazu auch die Abbildung oben.
2. Enten gehören zu den Wasservögeln.
   a) Beschreibe zwei bauliche Besonderheiten, die ihnen das Leben im Wasser ermöglichen. Erläutere an diesen Beispielen den Zusammenhang zwischen Bau und Funktion.
   b) Benenne weitere Wasservögel, die in bzw. an einem See zu beobachten sind.
3. Fertigt Aktionskarten für Lebewesen des Sees an. Nutzt sie, um einiges über den Lebensraum und seine Bewohner herauszufinden.
   Lest euch dazu die Aufgabe 1 auf der Seite 196 durch. Löst sie für das Beispiel See.

Erforsche es

Der See und seine Bewohner

Plant eine Exkursion zu einem See. Überlegt, welche Aufgaben ihr lösen wollt. (Auf den beiden folgenden Seiten findet ihr einige Anregungen.)
Bedenkt, welche Geräte und Materialien ihr benötigt. Füllt zur Vorbereitung folgende Tabelle aus:

Arbeitsauftrag	Benötigte Geräte	Bücher und andere Materialien

Teilt eure Lerngruppe entsprechend der geplanten Aufgaben in Arbeitsgruppen auf.

1. **Wasseroberfläche als Lebensraum**
   Beobachtet die Wasseroberfläche eines Sees genau.
   Findet heraus, welche Tiere die „gespannte" Grenzfläche zwischen Wasser und Luft als Lebensraum nutzen und beschäftigt euch mit deren Lebensweise.

2. **Wasser und Spülmittel**

Aufgabe:
Weist die Wirkung von Spülmitteln auf die Oberflächenspannung des Wassers nach.

Materialien:
pneumatische Wanne oder Glasschüssel, Wasser, Spülmittel (kein Konzentrat), Aluminiumfolie, evtl. Schere

Durchführung:
Fertigt ein Modell des Wasserläufers aus Aluminiumfolie entsprechend der Abbildung. Setzt es auf die Wasseroberfläche auf. Gebt dann Spülmittel in das Wasser.

Beobachtung und Auswertung:
Notiert eure Beobachtungen und leitet ab, welchen Einfluss das Spülmittel hat. Welche Folgen hätte das für den Wasserläufer?

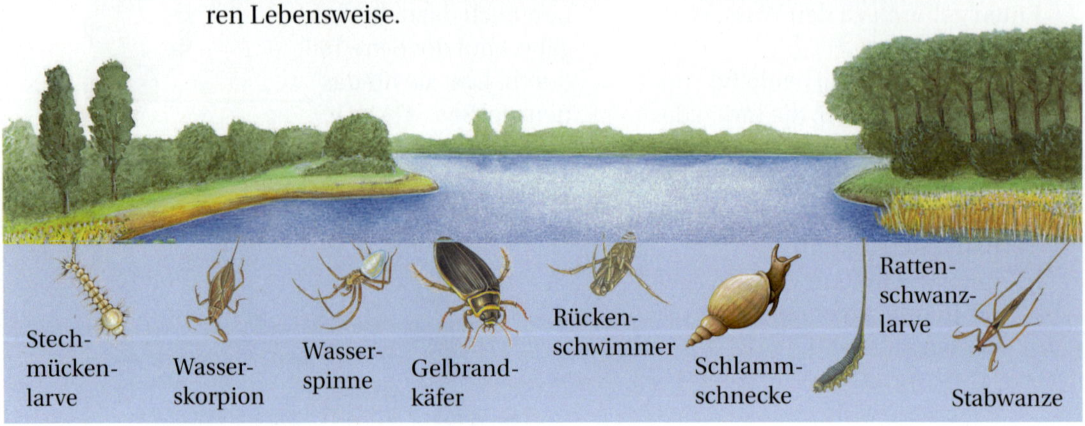

3. Lebewesen im Freiwasser

a) Informiert euch darüber, welche Raubfische und welche Friedfische im See leben.

b) Friedfische ernähren sich von Plankton. Dazu gehören kleine Wirbellose und unterschiedliche Algen. Entnehmt eine Wasserprobe und prüft, ob einige der abgebildeten Kleinstlebewesen in der Probe vorkommen. Fertigt Skizzen an.

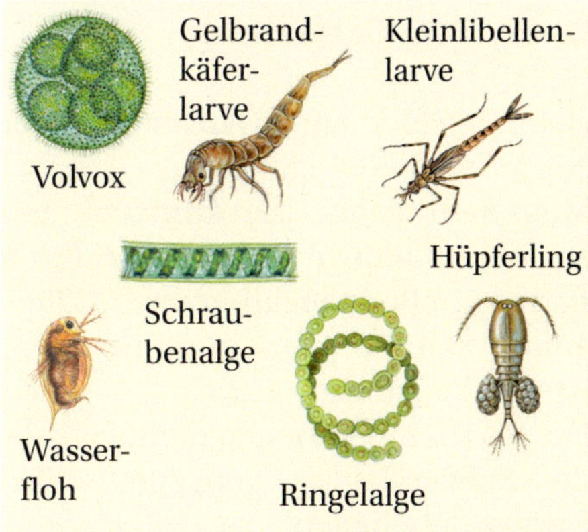

4. Der See im Jahresverlauf

a) Seen verändern sich im Laufe des Jahres. Beschreibt die Veränderungen und fertigt Skizzen an. Benennt die Ursachen.

b) Erläutert, warum die Tiere im Winter in einem See überleben können. Führt dazu nebenstehende Experimente durch.

Experimente

A Füllt Wasser in ein Becherglas und gebt einen Eiswürfel hinzu. Notiert eure Beobachtung.

B Gebt Eiswürfel in ein mit 10 °C warmem Wasser gefülltes Becherglas. Messt nach 10 min die Temperatur am Boden und an der Oberfläche.

Erfindet zu diesen Bildern eine Geschichte.

Wusstest du schon…

Ökosystem Getreidefeld

Getreidefelder sind Ökosysteme mit besonderen Bedingungen.
Menschen haben sie **künstlich geschaffen.** Dafür veränderten sie durch Rodung, Bodenbearbeitung, Düngung, Schädlingsbekämpfung usw. natürliche Landschaften.
Die Maßnahmen zielten darauf ab, für die Kulturpflanzen günstige Bedingungen zu schaffen.

Der Bauer beeinflusst jedoch nicht nur den Lebensraum. Er wirkt auch entscheidend auf die Zusammensetzung der Lebensgemeinschaft in diesem Lebensraum ein.
Im Allgemeinen baut er auf einem Feld nur eine Getreideart an: *Mais, Gerste, Weizen* oder *Hafer.*
Die Getreidearten sind durch Züchtung entstanden und wurden so an die Bedürfnisse des Menschen angepasst.
Infolge der ständigen Beeinflussung durch ackerbauliche Maßnahmen können sich hier nur wenige andere Lebewesen ansiedeln. Dadurch ist die Artenvielfalt stark eingeschränkt.

So wachsen vorwiegend kurzlebige Ackerwildkräuter, wie *Kornblume, Mohn, Ackersenf, Vogelmiere* usw.
Von dem Nahrungsüberfluss werden *Wildschweine* und *Rehe* aus nahe gelegenen Wäldern angezogen und können erheblichen Schaden anrichten.
Auch Mäuse und Hamster fressen die Getreidekörner. Allerdings ist der *Feld-Hamster* durch häufiges Pflügen bedroht.

Natürlich leben im Getreidefeld auch einige Wirbellose, z.B. *Feldgrillen, Steinläufer* und *Regenwürmer.* Nicht zuletzt gehören verschiedene Vögel zu dieser Lebensgemeinschaft, u. a. *Goldammer* und *Mäusebussard.*

Leben in der Wüste

Bei **Wüsten** denken wir zuerst an die Wüste **Sahara** in Afrika. Sie ist die größte Wüste der Welt (8 700 000 km^2), aber nicht die einzige. Auf allen Kontinenten, außer bei uns in Europa, gibt es Wüsten.
Regenmangel ist die Voraussetzung und wichtiges Merkmal von Wüsten. Die Araber nennen die Wüste deshalb auch „Meer ohne Wasser". Wenn es nach Jahren regnet, fällt der Regen wolkenbruchartig vom Himmel.

Aufgrund der **extremen Lebensbedingungen** gibt es in den trockenen Wüsten relativ **wenig Pflanzen.** Vorhandene Pflanzen sind an die Trockenheit angepasste Sträucher, Gräser und bestimmte tiefwurzelnde Bäume (z. B. *Akazien*). Diese Pflanzen sind u. a. in der Lage, Wasser zu sparen oder zu speichern. Sie können unterirdisch überleben oder innerhalb ganz kurzer Zeit blühen, Samen und Früchte ausbilden.

Obwohl die Bedingungen in vielen Wüsten der Welt nicht gerade zum Leben einladen, leben dort **verschiedene Tierarten**.
Neben einigen Säugetieren sind dort Kriechtiere und sehr anpassungsfähige Insekten und andere Wirbellose (z. B. *Skorpione*) zu finden.
Die in heißen Sandwüsten lebenden Tiere sind an die hohen Oberflächentemperaturen des Sandes besonders angepasst.
Insekten, die tagsüber auf dem Sand laufen, haben meist außergewöhnlich lange Stelzbeine. Die Temperatur nimmt nämlich schon wenige Zentimeter über dem Sand deutlich ab. Die Tiere können sich mit ihren langen Beinen schnell fortbewegen und sind vor Überhitzung geschützt.

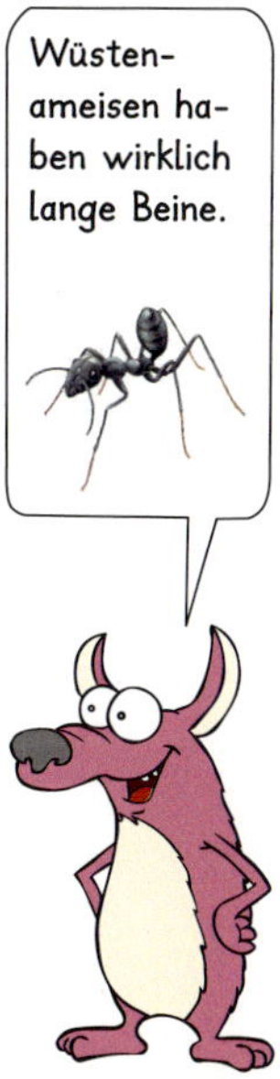

Das hast du gelernt

Ökosysteme - Einheit von Lebensraum und Bewohnern

Wald

Wiese

Getreidefeld

In einem Ökosystem leben ganz bestimmte Lebewesen (Lebensgemeinschaft). Die Zusammensetzung der Lebensgemeinschaft hängt von den herrschenden Bedingungen (Lebensraum) ab. Zwischen den Faktoren gibt es vielfältige Wechselbeziehungen.

See

Fluss

Ostsee

Die Lebewesen in einem Lebensraum sind an die herrschenden Bedingungen angepasst.

Das Busch-Windröschen

wächst im Wald.

Die Seerose

wächst im See.

Der Klatschmohn

wächst im Getreidefeld.

Löse mit Köpfchen

1. Ökosysteme im Vergleich

Vergleiche den Wald mit dem See. Finde Gemeinsamkeiten und Unterschiede heraus. Nutze dazu eine Tabelle. Notiere typische Pflanzen, Tiere und Bedingungen, die den Lebensraum bestimmen. ↗ S. 23

2. Wer frisst wen?

Du hast dich mit der Ernährung der Waldtiere und der Lebewesen im See beschäftigt. Stelle für den Wald und für den See je fünf Beispiele zur Beantwortung der Frage zusammen.

3. Gesammeltes Wissen

Legt eine Wassermappe an. Sammelt Materialien zu folgenden Themen:

- Tiere in und am Wasser,
- Wassernutzung,
- Trinkwasser und Abwasser,
- Gewässerschutz.

Sucht geeignete Bilder und findet Überschriften. Sammelt interessante Artikel, unterstreicht Wesentliches und schreibt eigene Texte dazu.
Fertigt ein Inhaltsverzeichnis für eure Wassermappe an.

4. Seen gesucht

In Sachsen-Anhalt befinden sich einige große Seen, die z. T. künstlich angelegt wurden:

Seen (Sachsen-Anhalt)	Größe
Arendsee (Altmark)	5,11 km^2
Süßer See (Mansfeld)	2,65 km^2
Talsperre Rappbode (Harz)	3,95 km^2
Talsperre Kelbra	14,30 km^2
Muldestausee (bei Bitterfeld)	6,05 km^2
Barleber See	1 km^2
Geiseltalsee	19 km^2

Finde die Seen auf einer Landkarte wieder.

5. See ist nicht gleich See

Der Nährstoffgehalt ist eine entscheidende Bedingung für die Lebewesen im und am See.
Informiere dich über einen Gletschersee und einen See, der in einem landwirtschaftlich genutzten Gebiet liegt. Vergleiche die Seen. ↗ S. 23

Fressen und gefressen werden

Die Zeichnung verdeutlicht Nahrungsbeziehungen. Der Regenwurm wird vom Friedfisch gefressen, dieser wiederum vom Raubfisch. Der landet schließlich in der Pfanne des Anglers. Allerdings zeigt die Zeichnung nicht, dass sich der Regenwurm von Pflanzen ernährt.
Ansonsten veranschaulicht die Zeichnung eine **Nahrungskette.**

Am Anfang einer Nahrungskette stehen Pflanzen oder Algen. Sie erzeugen Stoffe, die von anderen Lebewesen genutzt werden. Sie heißen daher **Produzenten (Erzeuger).**
Pflanzenfresser ernähren sich von Pflanzen. Die Pflanzenfresser werden von Fleischfressern gefressen. Diese dienen oft anderen Fleischfressern als Nahrung. Pflanzenfresser und Fleischfresser sind **Konsumenten (Verbraucher).**

Im See gibt es viele solche Nahrungsketten. Der Wasserfloh frisst nicht nur Grünalgen, die Plötze nicht nur Wasserflöhe und der Hecht nicht nur Plötzen. So entstehen **Nahrungsnetze.**

Je artenreicher eine Lebensgemeinschaft in einem Ökosystem ist, desto vielfältiger sind die Nahrungsbeziehungen.

- Zwischen Lebewesen im Ökosystem gibt es Nahrungsbeziehungen. Sie werden durch Nahrungsketten und Nahrungsnetze verdeutlicht.

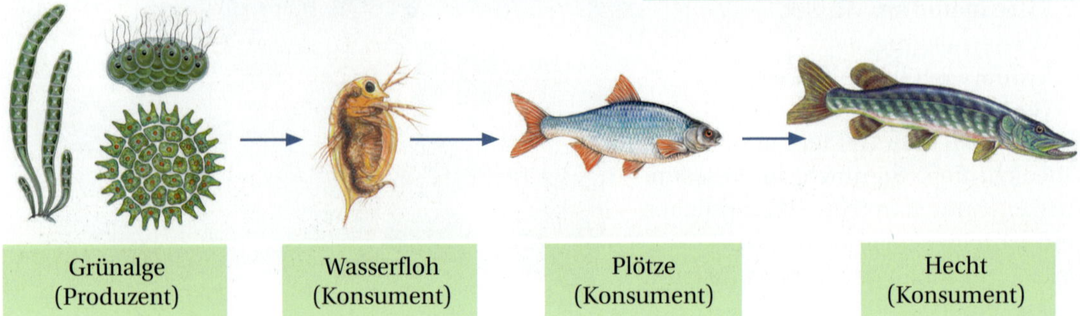

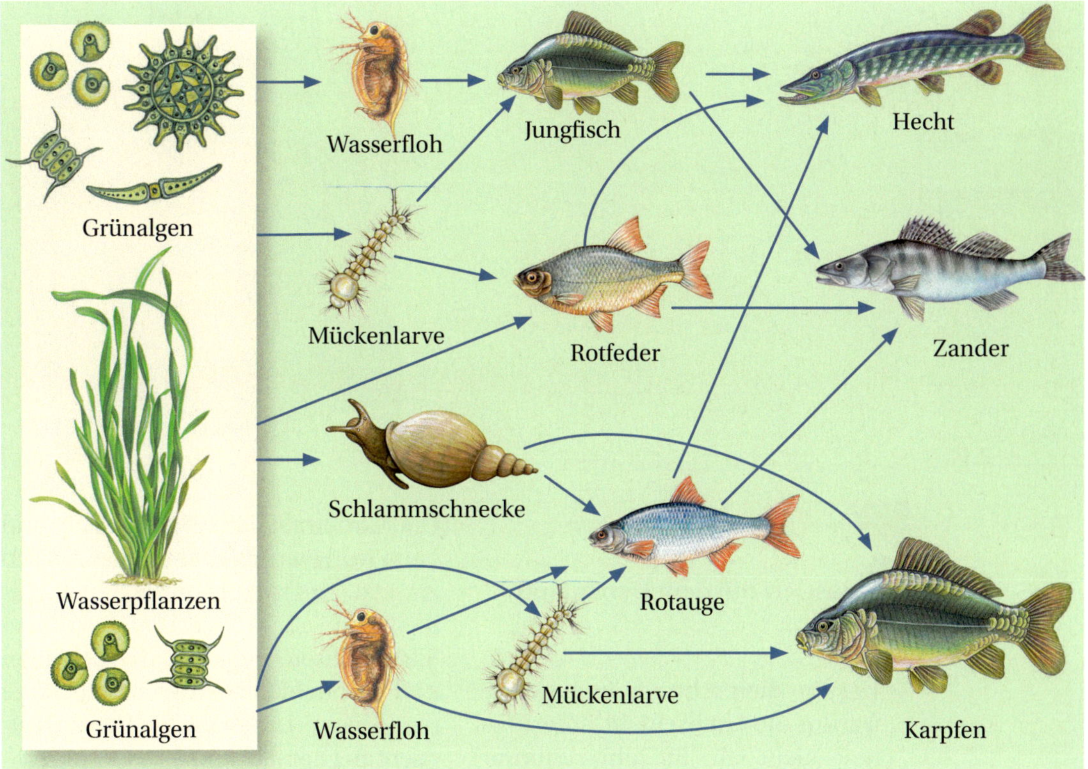

Leite aus diesem Nahrungsnetz einzelne Nahrungsketten ab.

Aufgaben

1 Lies den Text auf Seite 208 noch einmal durch. Erläutere folgende Begriffe: Produzenten, Konsumenten, Nahrungskette, Nahrungsnetz.

2 Interpretiere die Abbildung.

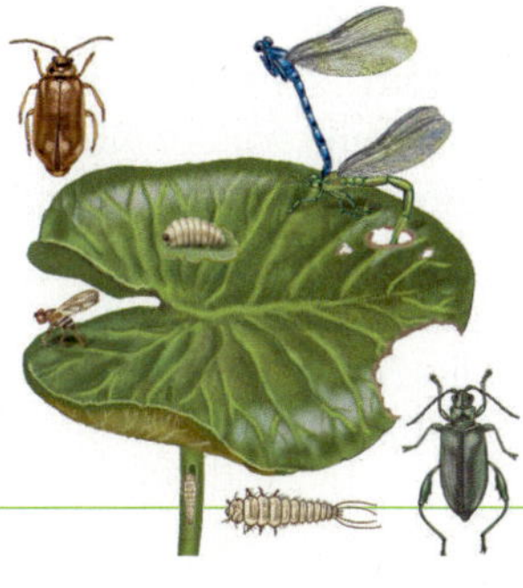

3 Was passiert, wenn in dem See ein großer Teil der Friedfische abgefischt wird? Diskutiert die Frage in eurer Lerngruppe. Schaut euch dazu noch einmal das Nahrungsnetz (Abb. oben) an.

4 Stelle eine Nahrungskette auf. Bringe dazu die Abbildungen in die richtige Reihenfolge.

Ein Stoffkreislauf in der Natur

In einem Komposthaufen werden Gartenabfälle zu Komposterde. Eine erstaunliche Verwandlung oder doch nicht?

Erforsche es

Was passiert mit dem Herbstlaub?

Aufgabe:
Hast du dich schon einmal gefragt, warum die Laubschicht unter Bäumen nicht Jahr für Jahr zunimmt? Finde es heraus.

Durchführung:
Betrachte die abgefallenen Blätter in der Laubschicht unter einer Erle.

Beobachtung und Auswertung:
Beschreibe deine Beobachtung. Vermute, wer dafür verantwortlich ist.

Die Gartenabfälle werden nach und nach von verschiedenen Lebewesen zersetzt. Zu ihnen gehören Regenwürmer, aber auch Pilze und Bakterien. Sie ernähren sich von den Abfällen und wandeln die enthaltenen Stoffe um. Solche Lebewesen heißen **Destruenten (Zersetzer).**
Der entstehende Kompost ist nährstoffreich und wird vom Gärtner als natürlicher Dünger genutzt.

In der Natur geht nichts verloren. Die unterschiedlichen Arten der Ernährung von Lebewesen bewirken einen Stoffkreislauf.
Produzenten (Erzeuger) stellen mithilfe von Sonnenlicht aus Mineralstoffen, Wasser und Kohlenstoffdioxid organische Stoffe her. **Konsumenten (Verbraucher)** ernähren sich davon und **Destruenten** zersetzen die Abfälle. Dabei entstehen wieder Stoffe, die Pflanzen für ihre Ernährung benötigen.

Die unterschiedliche Ernährung der Lebewesen bewirkt in der Natur einen Stoffkreislauf.

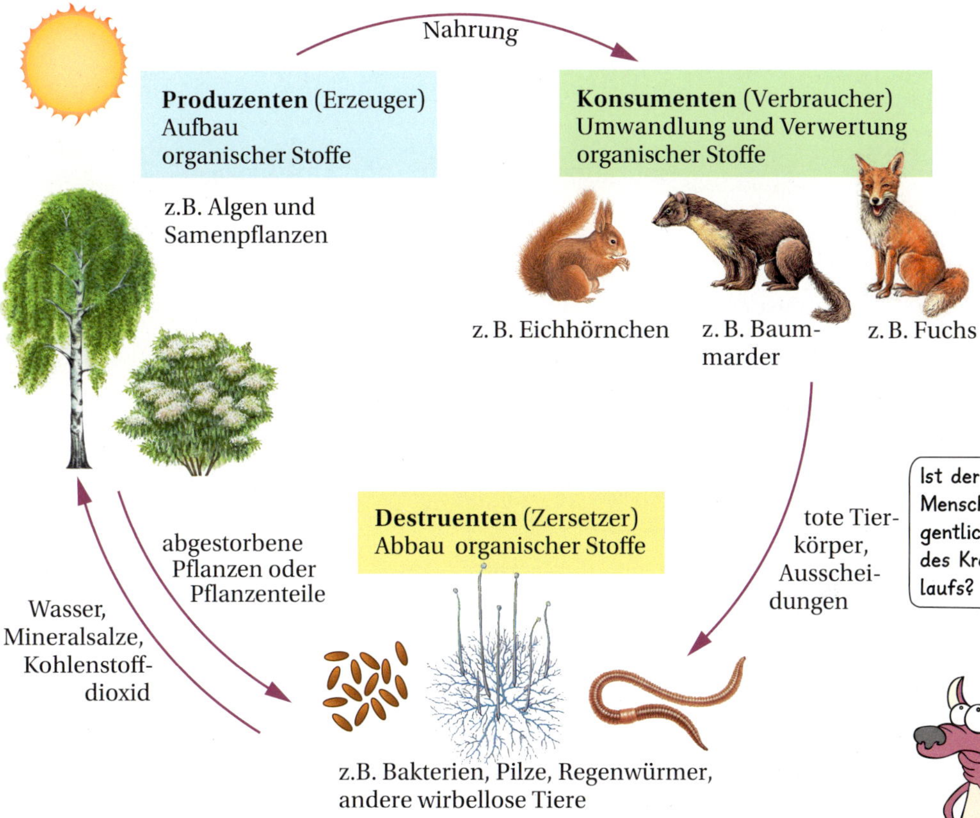

Aufgaben

_ In fast jedem Garten hat der Gärtner einen Komposthaufen angelegt. Erkundigt euch, welche Dinge auf den Komposthaufen gehören und welche dort besser nicht entsorgt werden. Begründet die Entscheidung jeweils. ↗ S. 55

1_ Der Mensch greift oft in den Stoffkreislauf der Natur ein. Schildere zwei Beispiele. Überlege, welche Folgen das hat.

Das hast du gelernt

Nahrungsbeziehungen und Stoffkreislauf

Zwischen den Lebewesen in dem Ökosystem gibt es Nahrungsbeziehungen. Du kannst einfache Beziehungen mit Nahrungsketten und vielfältige mit einem Nahrungsnetz darstellen.

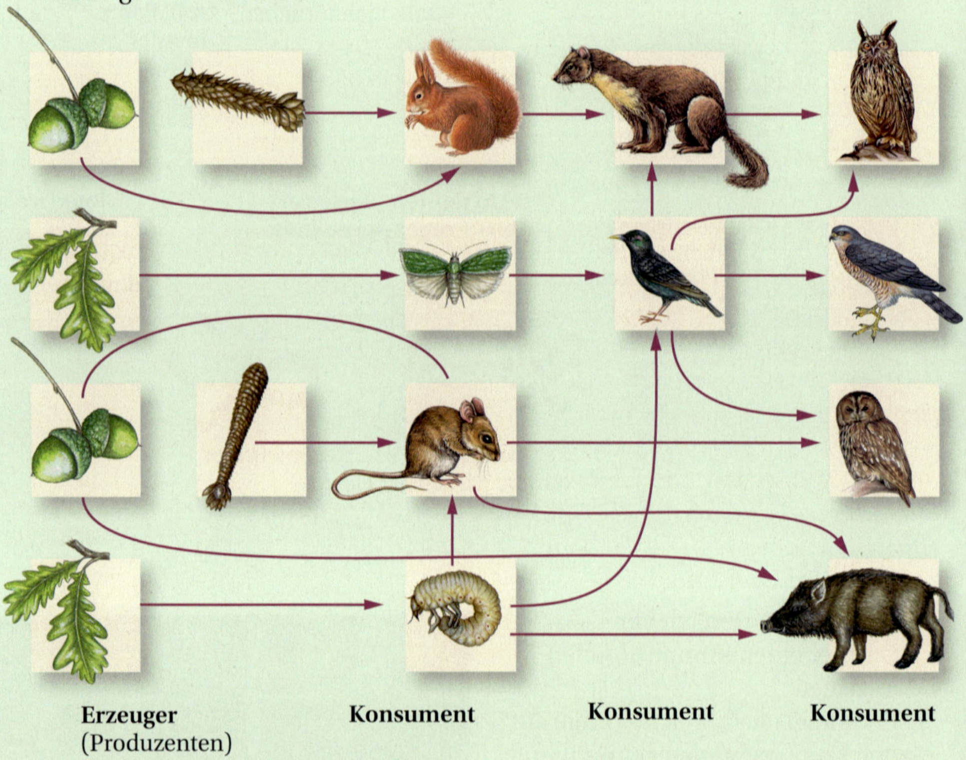

Durch die unterschiedliche Ernährung der Lebewesen in einem Ökosystem kommt es zu einem Stoffkreislauf.

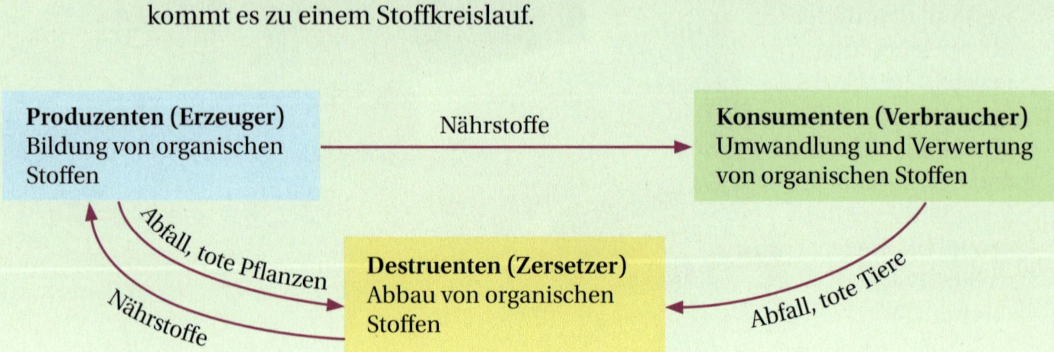

Löse mit Köpfchen

1. Ökosystem Wiese

a) Ermittelt Pflanzen- und Tierarten, die auf einer Wiese zu finden sind.
b) Ermittelt mindestens fünf verschiedene Nahrungsketten.
c) Überprüft, welche Tiere und Pflanzen in mehreren Nahrungsketten vorkommen, und verknüpft diese Nahrungsketten zu einem Nahrungsnetz. ↗ S. 113
d) Stellt das Nahrungsnetz als Poster dar. Nutzt Zeichnungen bzw. Fotos der jeweiligen Lebewesen.

2. Erzeuger, Verbraucher oder Zersetzer?

Fertige eine Tabelle an und ordne folgende Lebewesen den Produzenten, Konsumenten oder Destruenten zu: Busch-Windröschen, Eichhörnchen, Regenwurm, Kellerassel, Reh, Rot-Buche, Wald-Sauerklee, Schimmelpilze, Mäusebussard, Bakterien.
Begründe deine Zuordnung.
↗ S. 55

3. Einfache Nahrungsbeziehungen

a) Interpretiere die unten abgebildete Zeichnung.
b) Finde mögliche Fressfeinde der Katze heraus und ergänze die Nahrungskette.

4. Nahrungsketten im Vergleich

a) Notiere eine Nahrungskette für das Ökosystem Wald.
b) Notiere eine Nahrungskette für das Ökosystem Wiese.
c) Vergleiche die beiden Nahrungsketten miteinander. Finde Gemeinsamkeiten und Unterschiede.
↗ S. 23

5. Eklige Raupen?

Tina findet Raupen eklig. Sie meint, diese Schädlinge könnten ausgerottet werden.
Nimm zu dieser Ansicht Stellung. Was würdest du Tina sagen? Formuliere deine Argumente und trage sie vor der Klasse vor.

Der Wald – genutzt und zerstört?

Die Wälder in Sachsen-Anhalt wurden schon sehr lange durch den Menschen beeinflusst. Ursprünglich gab es in der Region große zusammenhängende Laubwälder. *Fichten* wuchsen lediglich im Harz und *Kiefern* in trockenen, nährstoffarmen Gebieten.
Schon im Mittelalter rodeten die Menschen große Flächen, um Siedlungs- und Ackerflächen zu gewinnen.
Die verbleibenden Wälder nutzten sie vielfältig: Holz wurde als Brenn- und Bauholz und zur Gewinnung von Holzkohle geschlagen.

Erforsche, wie Holzkohle hergestellt wurde.

Schafe, Ziegen und Rinder weideten im Wald, Schweine fraßen die Eicheln. Selbst die Streu wurde entnommen und in den Ställen verwendet. Dies führte zur Übernutzung des Waldes.

Im 19. Jahrhundert wurde es daher nötig, viele Gebiete aufzuforsten. Die Forstwälder unterschieden sich von den ursprünglichen Wäldern. Es wurde Nutzholz gepflanzt, meist schnell wachsende Nadelhölzer. Viele Forstwälder bestanden so vorwiegend aus einer Baumart.
Heute setzt sich die Erkenntnis durch, dass naturnahe Bestände nicht so anfällig gegenüber Schädlingen, Stürmen und Luftschadstoffen sind.
Der Wald ist zwar immer noch ein Wirtschaftsfaktor. Trotzdem verzichten die Forstarbeiter zunehmend auf Kahlschläge und belassen Altbäume und abgestorbene Bäume im Wald. Außerdem werden wieder mehr Laubbäume gepflanzt.

Wälder verändern sich in Abhängigkeit von ihrer Nutzung.

Erforsche es

Forstwald in unserer Umgebung

Erkundigt euch im zuständigen Forstamt über den Forstwald in eurer Umgebung.
Erkundet beispielsweise:

- Wie wird der Forstwald heute genutzt?
- Welche Altersstruktur hat der Forstwald?
- Welche Baumarten wachsen dort?
- Sind die Bäume im Wald durch Schadstoffe oder Schadinsekten beeinträchtigt oder sind sie gesund?
- Welche Maßnahmen zur Pflege des Waldes werden unternommen?

Aufgaben

1 Verfasse eine Geschichte über die Nutzung des Waldes im Mittelalter. Lies dazu die Seite 214 noch einmal.

2 Fertige ein Plakat zur Bedeutung der Wälder für den Menschen an. Gehe dabei auf ihre Bedeutung als Rohstofflieferant, als Erholungsstätte und als Klimafaktor ein.

3 Zunehmend setzt sich die Erkenntnis durch, dass Forstwälder nachhaltig genutzt werden müssen. Informiere dich darüber, was „nachhaltige Nutzung“ bedeutet. Du kannst z. B. im Forstamt nachfragen oder das Internet als Informationsquelle nutzen.

4 Du liest folgenden Text: „Überhöhte Wildbestände aufgrund des Fehlens natürlicher Feinde sind eine Gefahr für den Wald. Rehwild verbeißt die jungen Triebe an den Zweigen und schält die Rinde ab. Durch die Jagd greift der Mensch regulierend ein.“ Erläutere den Inhalt des Textes mit eigenen Worten.
Stelle zur Veranschaulichung eine Nahrungskette auf.

5 Ergänze Regeln zum Verhalten im Wald.

So kannst du vorgehen

Bewerten

Beim Bewerten sollst du den Wahrheitsgehalt einschätzen oder dir einen eigenen Standpunkt erarbeiten bzw. gegenteilige Argumente gegenüberstellen und abwägen. Achte darauf, dass deine eigene Meinung sachlich begründet ist.

In Sachsen-Anhalt werden u. a. Rehe bejagt. Vom Landesforstbetrieb werden entsprechende Jagderlaubnisscheine ausgestellt. Bewerte diese Praxis.

▸ Schritt 1

Präzisiere die Anforderung.
Überlege dir, welcher Sachverhalt bewertet werden soll und welche fachlichen Inhalte davon berührt werden.
- *Jagd auf Rehe*
- *Ausgabe von Jagderlaubnisscheinen*

▸ Schritt 2

Stelle Fachwissen bereit.
- *Nahrungsbeziehungen im natürlichen Ökosystem Wald*
- *Fehlen großer Raubtiere (Wolf, Bär) in unseren Wäldern*

▸ Schritt 3

Sammle Material.
Sammle Fakten und Argumente (z. B. positive und negative Aspekte; Argumente, die für oder gegen den Wahrheitsgehalt sprechen; Argumente, die Pro und Kontra verdeutlichen).

Pro	Kontra
Die Jagd ist Teil der Wildhege.	Der Mensch muss sich nicht mehr durch Jagd ernähren.
Nur ausgebildete Jäger dürfen jagen. Dadurch wird Tierquälerei vermieden.	Tiere abzuschießen ist grausam.
Im Wald fehlen die natürlichen Feinde der Rehe. Deshalb vermehren sie sich zu stark und schädigen die Bäume.	Der Wald soll sich ohne Eingriffe des Menschen entwickeln.

▸ Schritt 4

Finde geeignete Bewertungskriterien.
- *Tierschutz und Forstpflege*

▸ Schritt 5

Leite dein Werturteil ab.
Formuliere ein begründetes Werturteil.
Die Jagd ist nötig, weil es in den Forsten keine natürlichen Feinde der Rehe mehr gibt.
Allerdings sollte sie nur von ausgebildeten Jägern ausgeübt werden.
Das wird durch die Jagderlaubnisscheine realisiert.

Erforsche es

Ein Wald mit Bedeutung

1. Schaut euch die Fotogalerie auf der Abbildung unten an. Leitet ab, wie wir heute den Wald nutzen. Denkt dabei auch an die Nutzung, die sich aus der weiteren Verarbeitung von Rohstoffen ergeben.
Ergänzt weitere Beispiele.

2. Der Wald hat nicht nur Bedeutung als Lebensraum. Viele Menschen halten sich hier zur Erholung auf. Findet heraus, was den Erholungssuchenden gerade hier gut gefällt. Überlegt in der Gruppe, welche Methode dazu geeignet ist.

3. Der Wald ist ein Klimafaktor und beeinflusst u. a. die Luftqualität.

Überprüft die Aussage. Stellt Staubabzüge von Blättern am Waldrand und von Blättern aus dem Waldesinneren her und vergleicht sie.
Beklebt dazu die Oberseite der Blätter lückenlos mit Klebestreifen. Zieht sie dann wieder ab und klebt die Streifen nebeneinander auf ein weißes Blatt.

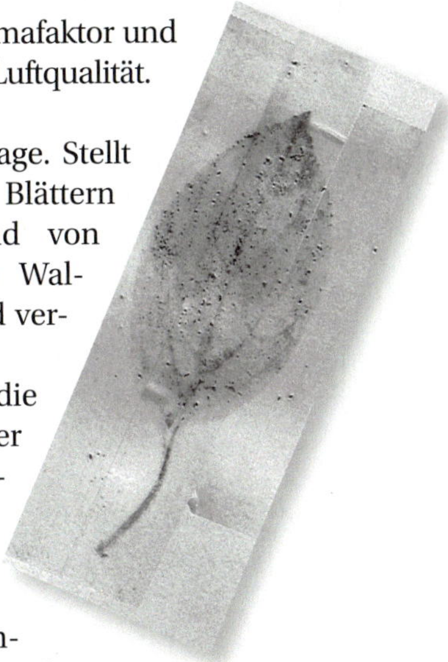

Vom Nutzen des Waldes

Die Stadt als Lebensraum?

Die beiden haben unterschiedliche Meinungen. Wer hat recht?

Eine Stadt unterscheidet sich vom Umland. Hier leben und arbeiten viele Menschen. Die ursprüngliche Landschaft existiert nicht mehr.
Ist eine Stadt aber deshalb grundsätzlich lebensfeindlich? Ist die Artenvielfalt wirklich stark eingeschränkt?

Durch den Städtebau greift der Mensch stark in die Landschaft ein.
Häuser und Straßen werden gebaut, Gärten und Grünflächen geschaffen, manchmal künstliche Teiche angelegt. So besteht eine Stadt aus vielen unterschiedlichen Lebensräumen mit verschiedenen Lebensbedingungen.

■ Vermute, was mit „Lichtverschmutzung“ gemeint sein könnte.

Natürlich beeinflussen die vielen Menschen wesentliche Bedingungen innerhalb einer Stadt: Durch das künstliche Licht ist es selten ganz dunkel. Städte sind außerdem Wärmeinseln. Die Durchschnittstemperatur liegt bis zu 4 °C über der des Umlands. Nicht zuletzt ist die Luft trockener und meist stärker mit Schadstoffen belastet.

■ Nenne Bedingungen, die in der Stadt von denen im Umland abweichen.

An Stellen, die mit Beton versiegelt sind, können nur wenige Pflanzen wachsen. An Straßenrändern, auf freien Flächen, in Parks und auf Wiesen gedeihen dagegen viele unterschiedliche Pflanzen, z. B. verschiedene *Gräser* und *Wildkräuter*.
Du findest *Insekten, Kleinsäuger, Vögel* und manchmal auch *Fledermäuse*. Nicht zuletzt kommen *Füchse* zur Nahrungssuche an die Stadtränder.

● Bietet die Stadt vielfältige Lebensräume, siedeln sich unterschiedliche Arten an.

Erforsche es

Bewohner der Pflasterritzen

Aufgabe:

Auch wenn die Stadt auf den ersten Blick lebensfeindlich wirkt, bilden sich an den bemerkenswertesten Stellen Lebensgesellschaften heraus. So findest du beispielsweise zwischen Steinplatten ganz typische Pflanzenarten.

Suche in deiner Umgebung eine „ungepflegte“ Pflasterung.

Wie viele unterschiedliche Pflanzenarten kannst du feststellen?

Bestimme die Pflanzen und notiere ihre Namen.

Aufgaben

1 Zähle verschiedene Lebensräume innerhalb einer Stadt auf. Kennzeichne wesentliche Bedingungen und nenne jeweils einige Bewohner.

2 Stell dir vor, du wärst ein Städteplaner.
Du möchtest eine Stadt entwickeln, die möglichst vielen Pflanzen und Tieren Lebensräume bietet. Die Menschen sollen in einer gesunden Umwelt leben. Was müsstest du bei der Planung unbedingt berücksichtigen? Beschreibe, wie eine solche Stadt aussehen müsste.

Erforsche es

Alles Bio oder was?

Durch Garten- und Ackerbau greift der Mensch besonders stark in die Umwelt ein. Natürliche Ökosysteme werden zerstört und künstliche geschaffen. Das ist nötig, denn wir brauchen ausreichend Nahrung.
Trotzdem gibt es Diskussionen um die Art der Bewirtschaftung.

Immer mehr Verbraucher entscheiden sich für **Bioprodukte.**
Bei der Herstellung von Bioprodukten ist der Einsatz von Düngemitteln und Schädlingsbekämpfungsmitteln streng geregelt. Das Gleiche gilt für die Art der Tierhaltung und den Einsatz von Futtermitteln. Daher gelten Bioprodukte als wenig schadstoffbelastet.

1. a) Startet eine Umfrage zum Thema Bioprodukte. Überlegt euch, was ihr ermitteln wollt. Ihr könntet beispielsweise folgende Fragen stellen:
   - Werden bei euch Bioprodukte gekauft?
   - Welche Vorteile bzw. Nachteile haben Bioprodukte eurer Meinung nach?

   b) Startet einen Geschmackstest: Lasst einige Mitschüler Bioprodukte und vergleichbare herkömmliche Produkte verkosten, beispielsweise Äpfel oder anderes Obst. Verbindet eurer Testperson dazu die Augen. Kann eure Testperson das Bioprodukt herausschmecken?

Dieses Bio-Siegel wurde vom Verbraucherschutzministerium beschlossen. Die jeweiligen Produkte werden überwacht. Darüber hinaus gibt es Bio-Siegel unterschiedlicher Verbände. Ermittelt einige Beispiele.

2. Auf den obigen Abbildungen seht ihr unterschiedliche Formen der Düngung: das Ausbringen von Mineraldünger und das Ausbringen von Gülle.
   Informiert euch über die Vorteile und die Nachteile der jeweiligen Düngung.
   Von welchem Feld würdet ihr die Produkte lieber essen? Nehmt Stellung und erläutert eure Ansicht.

3. Ermittelt die Preise für vergleichbare Produkte aus herkömmlicher Produktion, von Bioprodukten aus dem Supermarkt und von Produkten aus einem Biokostladen.

4. Stellt Argumente zusammen, die für bzw. gegen Bioprodukte sprechen. Stellt euch vor, dass Leser in der Zeitung über das Thema diskutieren. Verfasst mögliche Leserbriefe.

5. Diskutiert in der Gruppe darüber, ob es möglich ist, alle Menschen mit Bioprodukten zu versorgen.

Was haltet ihr von chemischen Schädlingsbekämpfungsmitteln?

Das hast du gelernt

Mensch und Umwelt

Wir Menschen beeinflussen Ökosysteme durch ihre Nutzung.

Forstwirtschaft

Städte- und Straßenbau

Landwirtschaft

Wir tragen Verantwortung für die Umwelt. Um die Artenvielfalt zu erhalten und die Natur zu schützen, gibt es vielfältige Möglichkeiten.

Aufforstung mit einheimischen Arten

Schutz besonderer Lebensräume

Schaffung neuer Lebensräume

Löse mit Köpfchen

1. Naturschutz geht alle an

a) Beschreibe, welches Verhalten hier dokumentiert wurde.

b) Überlege, welche Auswirkungen auf die Tier- und Pflanzenwelt zu erwarten sind. Bewerte das gezeigte Verhalten. ↗ S. 216

2. Wald in Gefahr

Immer wieder hörst du in den Medien von geschädigten Bäumen.

Als Ursachen werden u. a. Luftschadstoffe genannt.

a) Gib mögliche Quellen von Luftschadstoffen an.

b) Führe Maßnahmen an, durch die die Luftqualität verbessert werden kann.

3. Gefährliche Rehe und Hirsche?

Das folgende Bild zeigt sogenannte Schälschäden in einem Forst.

Diese Schäden wurden durch Rehe oder Hirsche verursacht.
Diskutiert, wie so etwas zustande kommt. Schlagt entsprechende Maßnahmen vor, die diese Schäden vermeiden helfen.

4. Veränderung von Lebensräumen

Der Abbau von Braunkohle stellte einen starken Eingriff in das Ökosystem dar. Nach dem Ende des Kohleabbaus wurden die Flächen rekultiviert. Oft entstanden kleine Seen. Schildere jeweils die Folgen der Eingriffe und bewerte ihre Notwendigkeit. ↗ S. 216

6 Teste dich selbst

Wähle aus.

1 Welche der folgenden Behauptungen sind richtig?
- A Ohne Pflanzen würden die meisten Lebewesen verhungern.
- B Der Sauerstoffvorrat der Luft würde ohne Pflanzen nicht erneuert werden.
- C Pflanzen sind genau solche Lebewesen wie alle anderen.

2 Zu den extremen Lebensräumen gehören Wüsten. Kennzeichen von Wüsten sind:
- A genügend Wasser, Sand und Hitze.
- B Wassermangel, Trockenheit und Hitze.
- C Schwankungen der Temperatur zwischen Tag und Nacht.

3 In der Arktis herrschen eisige Kälte, Eis und Schnee. Tiere sind an ihren eisigen Lebensraum sehr gut angepasst. Anpassungsmerkmale sind u.a.:
- A dicke Fettschicht.
- B oft Wasser abweisendes weißes Fell.
- C dünne mit Fell bedeckte Haut.

4 Borkenkäfer sind Holzschädlinge. Sie richten in Wäldern große Schäden an, wenn
- A hauptsächlich eine Baumart in dem betreffenden Wald wächst.
- B viele unterschiedliche Baumarten vorhanden sind.
- C sie massenhaft auftreten.

5 Einfache Nahrungsbeziehungen in Ökosystemen werden durch Nahrungsketten dargestellt. Wähle die richtige Reihenfolge der Glieder einer Nahrungskette im Wald aus.
- A Eichhörnchen, Eichel, Marder, Uhu
- B Eichel, Eichhörnchen, Marder, Uhu
- C Eichel, Eichhörnchen, Uhu, Marder

6 Gib an, welche Ökosysteme relativ naturnah sind.
- A Moor, Urwald, Gebirgssee
- B Parkanlage, Zuchtteich, Forst

Beantworte ausführlich.

1 a) Vergleiche die beiden abgebildeten Fließgewässer.

b) In welchem Gewässer vermutest du einen höheren Artenreichtum. Begründe deine Vermutung.

c) Erläutere Maßnahmen, die zum Schutz von Lurchen, gefährdeten Wasservögeln (z. B. Eisvogel), Libellen u. a. beitragen.

2 Ermittelt im Umfeld eures Wohnortes Maßnahmen (Vorgänge), die Umweltbelastungen mit verursachen könnten.
Geht auf Konflikte ein, die in diesem Zusammenhang auftreten können. Gestaltet ein Rollenspiel.

3 Viele Teilzieher, wie beispielsweise die Amsel, sind auch im Winter in unseren Städten zu finden. Der Zaunkönig oder das Rotkehlchen verlassen im Winter das Umland und finden sich in den Städten ein.

Finde eine Erklärung für diese Verhaltensweise. Diskutiere deine Vermutung mit deiner Banknachbarin bzw. deinem Banknachbarn.

4 Für die Erhaltung und den Schutz von Pflanzen- und Tierarten ist der Schutz natürlicher Lebensräume von großer Bedeutung.
Finde heraus, ob es in der Umgebung deines Heimatortes solche geschützten Lebensräume (z. B. natürliche Hecken, Trockenrasen, Feuchtgebiete) gibt. Was wird zum Schutz dieser Flächen getan?

5 In der Abbildung unten ist eine mögliche Nahrungskette dargestellt.

a) Gib Produzenten und Konsumenten an.

b) Erläutere die Angepasstheit der Tiere an ihre Ernährungsweise.

Ziel erreicht

Roter Faden gesucht

Zu viel Neues? Zu viele einzelne Fakten? Dir fällt es schwer, Zusammenhänge zu erkennen? Versuche, den Blickwinkel zu wechseln.
Die grundlegenden Betrachtungsweisen „Struktur und Funktion“, „Entwicklung“ und „System“ geben dir eine Orientierung. Mit ihnen schaffst du es, einen Überblick zu gewinnen.

Beispiel Kreuzspinne

Struktur und Funktion

Finde Teile des Körpers einer Kreuzspinne, die eine besondere Funktion haben. Erläutere, warum die Funktion gut erfüllt wird.

Entwicklung

Beschreibe, wie sich die Spinne im Laufe ihres Lebens verändert.

System

Die Spinne lebt mit anderen Organismen in einem Lebensraum zusammen und steht mit ihnen in Wechselwirkung. Erläutere die Aussage an einem Beispiel.

Struktur und Funktion

Interpretiere die Fotos und erkenne die dargestellten Fakten.

Hast du den Überblick?

Lebewesen in unserer Umgebung

- Nach Ähnlichkeiten im Bau werden Lebewesen verschiedenen Gruppen zugeordnet.

Säugetiere in unserer Nachbarschaft

- Die Gebisse der Säugetiere sind durch die Form der Zähne an die Art der Nahrung angepasst.
- Der unterschiedliche Bau der Vordergliedmaßen ermöglicht unterschiedliche Fortbewegungsweisen.
- Spezielle Anpassungen ermöglichen das Leben in unterschiedlichen Lebensräumen (Wasser, Luft, Wüste).

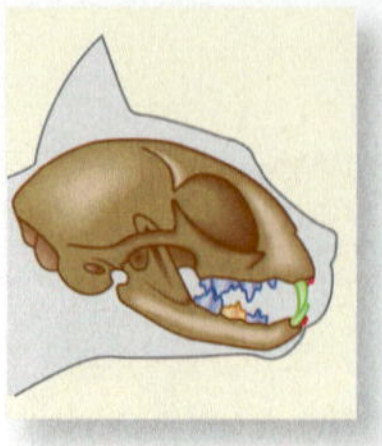

Die Vielfalt der Wirbeltiere

- Fische leben im Wasser. Lurche benötigen Feuchtgebiete. Kriechtiere können in trockenen Gebieten überleben und Vögel nutzen den Luftraum. Die Art des Lebensraums hängt u. a. von der Atmung und von der Körperbedeckung ab.

Struktur

Der Zusammenhang von Struktur und Funktion ist ein biologisches Grundprinzip. Teile eines Ganzen (z. B. Gliedmaßen, Organe) weisen oft einen speziellen Bau oder eine bestimmte Struktur auf. Der Bau ist an die Funktion angepasst.

und Funktion

Wirbellose in unterschiedlichen Lebensräumen

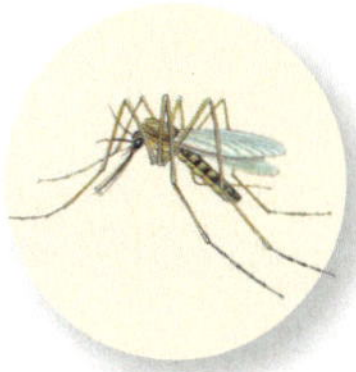

- Auch der Körperbau der Wirbellosen ist an die Lebensweise angepasst.
- Bei Insekten ermöglicht der Bau der Mundwerkzeuge und der Beine eine bestimmte Ernährungsweise bzw. Art der Fortbewegung.

Pflanzen in unserer Umgebung

- Die Organe der Pflanzen sind durch ihren Bau an ihre Funktion angepasst.
- Ein abgewandelter Bau ermöglicht spezielle Funktionen (z. B. Speicherung von Reserven) bzw. das Leben in extremen Lebensräumen (Wüste).

Lebensräume und ihre Bewohner

- Das Zusammenwirken der Lebewesen in einem Ökosystem ergibt sich aus ihrer speziellen Lebensweise. Diese wiederum wird durch den Bau der Lebewesen bedingt.

Trainiere mit Methode

1. Das Große Mausohr und die Amsel leben in deiner Region.

Obwohl sie sehr verschieden sind, nutzen sie denselben Lebensraum. Sie sind durch ihren Bau an ihre Lebensweise und an ihren Lebensraum angepasst.

a) Schreibt eine Geschichte zum Thema „Ein Tag im Leben einer Fledermaus“ bzw. „Ein Tag im Leben einer Amsel“. Falls ihr nicht mehr alle Fakten kennt, informiert euch beispielsweise im Internet.

b) Vergleicht den Bau der beiden Tiere. Wie sind sie jeweils an das Leben in der Luft angepasst? Findet Gemeinsamkeiten. Präsentiert eure Ergebnisse z. B. mit einem Lernplakat.

c) Ein alter Speicher soll als Jugendzentrum ausgebaut werden. Das Projekt wird gestoppt, als im Speicher Fledermäuse entdeckt werden. Bewertet die Entscheidung.

Die Fledermaus ist
A ein Säugetier
B ein Vogel.

Die Amsel hat einen kurzen, spitzen, schmalen Schnabel.
A Sie ist ein Raubvogel.
B Sie ernährt sich u. a. von Würmern und Früchten.

d) Bereitet einen Quiz vor. Stellt eurer Lerngruppe Fragen zu den beiden Tieren.

e) Findet Tierpaare, die ähnliche Anpassungen an einen gleichen Lebensraum aufweisen.

2. Pflanzen sind an ihren Lebensraum und die herrschenden Bedingungen angepasst.
Die Bedingungen haben für die Aussaat und Pflanzzeit in unserem Garten Bedeutung.

Das Frühjahr hatte in diesem Jahr mit viel Sonnenschein und etwas höheren Temperaturen als sonst begonnen. Jans Eltern hatten deshalb beschlossen, den Garten früher zu bestellen. Sie hatten Beete angelegt, Salat und Tomatenpflanzen eingepflanzt sowie Samen ausgelegt. Dann wurde im Wetterbericht für die folgenden Nächte Frost angesagt.

Welche Folgen hat der Frost für die Pflanzen und die ausgelegten Samen? Begründet eure Vermutung. Schlagt ein Experiment vor, mit dem ihr eure Vermutung überprüfen könnt.

3. Schaut euch die folgenden Abbildungen an. Benennt die Pflanzen und beschreibt, wie sie die kalte Jahreszeit überstehen.

4. Einige Pflanzen besitzen Speicherorgane: Wurzelknolle, Sprossknolle, Rübe, Wurzelstock, Zwiebel. Findet jeweils ein Beispiel.
Fertigt eine Anschauungstafel an und mogelt einige Fehler hinein. Wer findet alle Fehler und kann sie verbessern?

5. Pflanzen werden über Früchte und Samen verbreitet. Dazu besitzen sie oft spezielle Verbreitungseinrichtungen.
Sammelt solche Früchte und Samen und stellt sie aus.
Erklärt, warum der jeweilige Bau die Verbreitung ermöglicht. Stellt das Prinzip jeweils durch eine Zeichnung dar.

6. Einige Pflanzen sind an extreme Lebensräume angepasst, z. B. die Akazie. Beschreibt, wie sie trotz Wassermangel überlebt.

Hast du den Überblick?

Lebewesen in unserer Umgebung

- Fortpflanzung, Wachstum und Entwicklung sind wichtige Merkmale aller Lebewesen.

Säugetiere in unserer Nachbarschaft

- Nach der inneren Befruchtung erfolgt die Entwicklung des Embryos im Körper des Muttertiers.
- Junge werden gesäugt.
- Wir unterscheiden Nesthocker und Nestflüchter.

Vielfalt der Wirbeltiere

- Bei Fischen und z. T. bei Lurchen erfolgt eine äußere Befruchtung, bei Kriechtieren, Vögeln und Säugetieren eine innere Befruchtung.
- Außer den Säugetieren legen alle anderen Wirbeltiere Eier.
- Die Entwicklung vom Ei bis zum Jungtier erfolgt bei den Fischen und Lurchen im Wasser.

Entwicklung

Entwicklung bedeutet Veränderung. So verändern sich Lebewesen während ihres Lebens. Auch Ökosysteme wandeln sich im Laufe der Zeit.

Wirbellose in unterschiedlichen Lebensräumen?

- Bei vielen wirbellosen Tieren findet während der Entwicklung ein Gestaltwandel statt. Es gibt verschiedene Jugendstadien.
- Bei Insekten unterscheiden wir vollständige und unvollständige Metamorphose.

Pflanzen in unserer Umgebung

- Bei der geschlechtlichen Fortpflanzung der Pflanzen verschmilzt eine Eizelle mit einer Samenzelle. Aus der befruchteten Eizelle entwickelt sich der Embryo und daraus die Jungpflanze.
- Bei der ungeschlechtlichen Fortpflanzung bilden sich die Jungpflanzen aus Teilen der Mutterpflanze.

Lebensräume und ihre Bewohner

- Lebensräume können durch unsere Eingriffe in die Natur zerstört werden. Wir können aber auch neue Lebensräume schaffen.

Trainiere mit Methode

1. Vergleicht Fortpflanzung und Entwicklung bei den unterschiedlichen Wirbeltierklassen.

a) Teilt euch in Arbeitsgruppen auf. Jede Gruppe bearbeitet eine Wirbeltierklasse.
Wählt euch ein konkretes Beispiel aus der Wirbeltierklasse aus und stellt die Entwicklung in Form eines Schemas dar. (Tipp: Vielleicht könnt ihr einzelne Entwicklungsphasen auch mit Fotos oder Skizzen belegen.) Stellt eure Arbeitsergebnisse vor der gesamten Lerngruppe vor.

b) Ermittelt mithilfe der Schemata Gemeinsamkeiten und Unterschiede zwischen den Vertretern der einzelnen Wirbeltierklassen.

c) Recherchiert Ausnahmen, z. B.: Eier legende Säugetiere; Eidechsen und Fische, die lebende Junge zur Welt bringen usw.

d) Erarbeitet abschließend einen Wissenstest zu diesem Thema.

2. Der Mensch entwickelt sich wie alle anderen Lebewesen auch. Seine Entwicklung beginnt mit der Verschmelzung von Ei- und Samenzelle.
Schildert wichtige Phasen eurer eigenen Entwicklung. Gab es Besonderheiten? Befragt eure Eltern dazu. Sammelt Fotos und verdeutlicht so einzelne Entwicklungsabschnitte beim Menschen.

3. Bei Pflanzen lassen sich ebenfalls Entwicklungsabschnitte feststellen. Beschreibt die Entwicklungsphasen bei einer Bohne. Nutzt die Zeichnung unten.
Entdeckt Gemeinsamkeiten bei Pflanzen und Tieren.

4. In Deutschland soll es ca. eine Million Pferde geben. Diese Zahl verdeutlicht, wie beliebt diese Tiere sind. Sie werden zum Reiten und für viele andere Aufgaben eingesetzt.

a) Das Pferd ist ein Beispiel dafür, dass sich auch Gruppen von Tieren verändern und entwickeln. Unsere heutigen Rassen sind aus dem Wildpferd gezüchtet. Erforscht die Geschichte des Hauspferdes. Stellt in einer Übersicht zusammen, für welche Tätigkeiten Pferde heute eingesetzt werden und welche Eigenschaften man gezüchtet hat.

b) Findet weitere Beispiele für Arten, die der Mensch aus Wildformen gezüchtet hat. Gebt jeweils an, wie der Mensch diese Arten nutzt. (Tipp: Denkt dabei nicht nur an Wirbeltiere, sondern auch an Wirbellose und an Pflanzen.)

c) Der Mensch greift mit der Züchtung von Pflanzen und Tieren in die Natur ein. Was haltet ihr davon? Nehmt dazu Stellung.

5. Pflanzen können sich geschlechtlich fortpflanzen. Ihre Vermehrung ist allerdings auch ungeschlechtlich möglich.

a) Stellt verschiedene Beispiele für die ungeschlechtliche Vermehrung bei Pflanzen zusammen. Sammelt dazu entsprechende Abbildungen und Fotos. (Tipp: In Zeitschriften und im Internet findet ihr bestimmt passende Bilder.)

b) Gestaltet euren Klassenraum. Nutzt dazu Ableger verschiedener Zimmerpflanzen. Fragt zu Hause nach, ob ihr Ableger mit in die Schule nehmen könnt oder zieht selbst neue Jungpflanzen heran.

c) Ungeschlechtliche Vermehrung gibt es auch bei Tieren. Recherchiert einige Beispiele. Ihr werdet verblüfft sein.

Hast du den Überblick?

Lebewesen in unserer Umgebung

- Alle Lebewesen sind durch gemeinsame Merkmale gekennzeichnet.

Säugetiere in unserer Nachbarschaft

- Säugetiere sind an ihren Lebensraum und ihre Lebensweise angepasst, weil auch einzelne Teile des Körpers angepasst sind: z. B. Gebiss, Vordergliedmaßen, Körperform.

Vielfalt der Wirbeltiere

- Wirbeltiere stehen mit ihrer Umwelt in Wechselwirkung.
- Die Organe der Wirbeltiere wirken zusammen und ermöglichen so eine bestimmte Lebensweise. Beispielsweise unterstützen der Bau der Atmungsorgane und des Skeletts der Vögel das Fliegen.

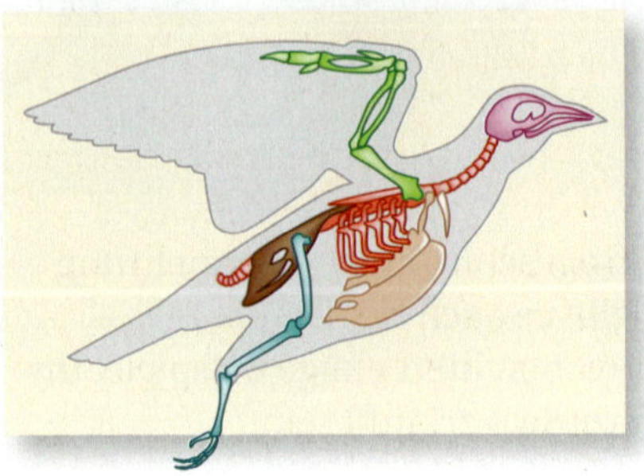

System

Ein System setzt sich aus vielen Einzelteilen zusammen. Die Einzelteile haben eine bestimmte Aufgabe. Erst durch das Zusammenwirken der Einzelteile funktioniert ein System.

Wirbellose in unterschiedlichen Lebensräumen

- Aus der Lebensweise einiger Wirbelloser ziehen wir besonderen Nutzen. Unter bestimmten Bedingungen können einige Wirbellose für uns zu Schädlingen werden.
- In der Natur ist jede Tierart von Bedeutung.

Pflanzen in unserer Umgebung

- Pflanzen besitzen Organe, die jeweils eine bestimmte Funktion im Organismus haben.
  Durch das Zusammenwirken der Organe können Pflanzen Stoffe aufnehmen und abgeben, wachsen, sich entwickeln und fortpflanzen.

Lebensräume und ihre Bewohner

- In jedem Lebensraum lebt eine bestimmte Lebensgemeinschaft. Ihre Zusammensetzung hängt von den herrschenden Bedingungen ab.
- Zwischen den Lebewesen gibt es vielfältige Wechselbeziehungen (z. B. Nahrungsbeziehungen).
- Werden Arten vernichtet, ist das gesamte System in Gefahr.

Trainiere mit Methode

1. In einer Zeitschrift war folgender Artikel zu lesen:

> Die Kirschbäume blühten prächtig, doch das Wetter schlug um. Es gab sogar Bodenfrost.
> Die tiefen Temperaturen hielten fast eine Woche lang an. Es flogen kaum Bienen.
> Die Kirschernte war in dem Jahr ganz gering. Der Preis für ein Kilogramm Kirschen in den Supermärkten ging steil nach oben.

a) Erläutert den Zusammenhang zwischen Wetter und Kirschernte. Bewertet das Ansteigen der Preise für Kirschen aus Sicht der Verbraucher und der Landwirte. Stellt die Ansichten in einem Rollenspiel dar. Stellt euch dazu vor, dass ein Reporter unterschiedliche Personen befragt.

b) In Tomatengewächshäusern lässt man Hummeln fliegen. Erklärt warum.
Tragt weitere Beispiele für entsprechende Beziehungen zwischen Tieren und Pflanzen zusammen. Stellt diese Beziehungen jeweils mithilfe eines Textes oder einer Skizze dar.

2. Rote Listen sind Verzeichnisse gefährdeter Arten. Die Einteilung erfolgt nach Gefährdungsstufen:

- 0: ausgestorbene oder verschollene Arten
- 1: vom Aussterben bedrohte Arten
- 2: stark gefährdete Arten
- 3: gefährdete Arten
- G: Gefährdung ist anzunehmen, aber der Status dieser Arten ist noch unbekannt
- R: extrem seltene Arten/Arten mit geografischer Beschränkung
- V: zurückgehend, Arten der Vorwarnliste
- D: Daten unzureichend
- *: derzeit nicht als gefährdet angesehen
- **: ungefährdet

Gefährdungsstufen nach SCHNITTLER, 1994

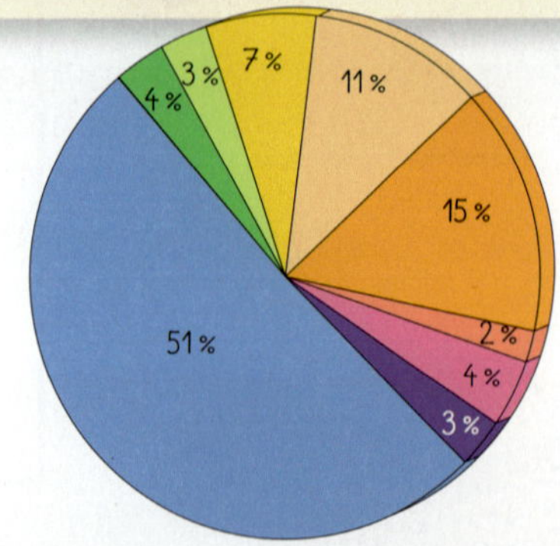

a) Die oben stehende Grafik zeigt die Gefährdungssituation der Tierarten in Deutschland.
Interpretiert die Grafik. Diskutiert darüber, warum ein Teil der Tierarten vom Aussterben bedroht oder stark gefährdet ist.

b) Tragt verschiedene Möglichkeiten zusammen, wie Tiere und Pflanzen geschützt bzw. wieder angesiedelt werden können.
Was könnt ihr selbst tun?

3. Vögel könnt ihr eigentlich immer gut beobachten.

a) Bestimmt Vogelarten, die ihr auf eurem Schulgelände beobachten könnt. Sucht Bilder in Zeitschriften von „euren“ Vögeln und klebt sie auf ein Plakat. Findet heraus, was die Vögel fressen. Skizziert jeweils die Schnabelform.

b) Vögel sind an das Fliegen angepasst. Beobachtet und beschreibt die Flugbewegungen der Vögel. Tragt Anpassungen im Bau der Vögel zusammen, die den Tieren das Fliegen ermöglichen. Denkt dabei nicht nur an den Körperbau und die äußere Form, sondern auch an den Bau der Organe. Erarbeitet einen Zeitungsartikel, in dem ihr eure Erkenntnisse vorstellt.

4. Im Winter könnt ihr Vögel besonders gut an einem Futterhäuschen beobachten. Recherchiert, ob und wann eine Fütterung sinnvoll ist und wann sie eher schadet.
Findet heraus, welches Futter zur Winterfütterung geeignet ist.
Notiert, was ihr beachten müsst, wenn ihr ein Futterhäuschen betreut.

5. Eulen lassen sich schwer beobachten. Allerdings könnt ihr trotzdem etwas über sie ermitteln.
Erbittet auf einem Bauernhof oder in einem Greifvogelgehege Eulengewölle. Untersucht sie.
Von welchen Tieren könnten die entdeckten Knochen stammen?
Informiert euch über die Lebensweise und die Ernährung von Eulen. Skizziert eine mögliche Nahrungskette.

A Anhang

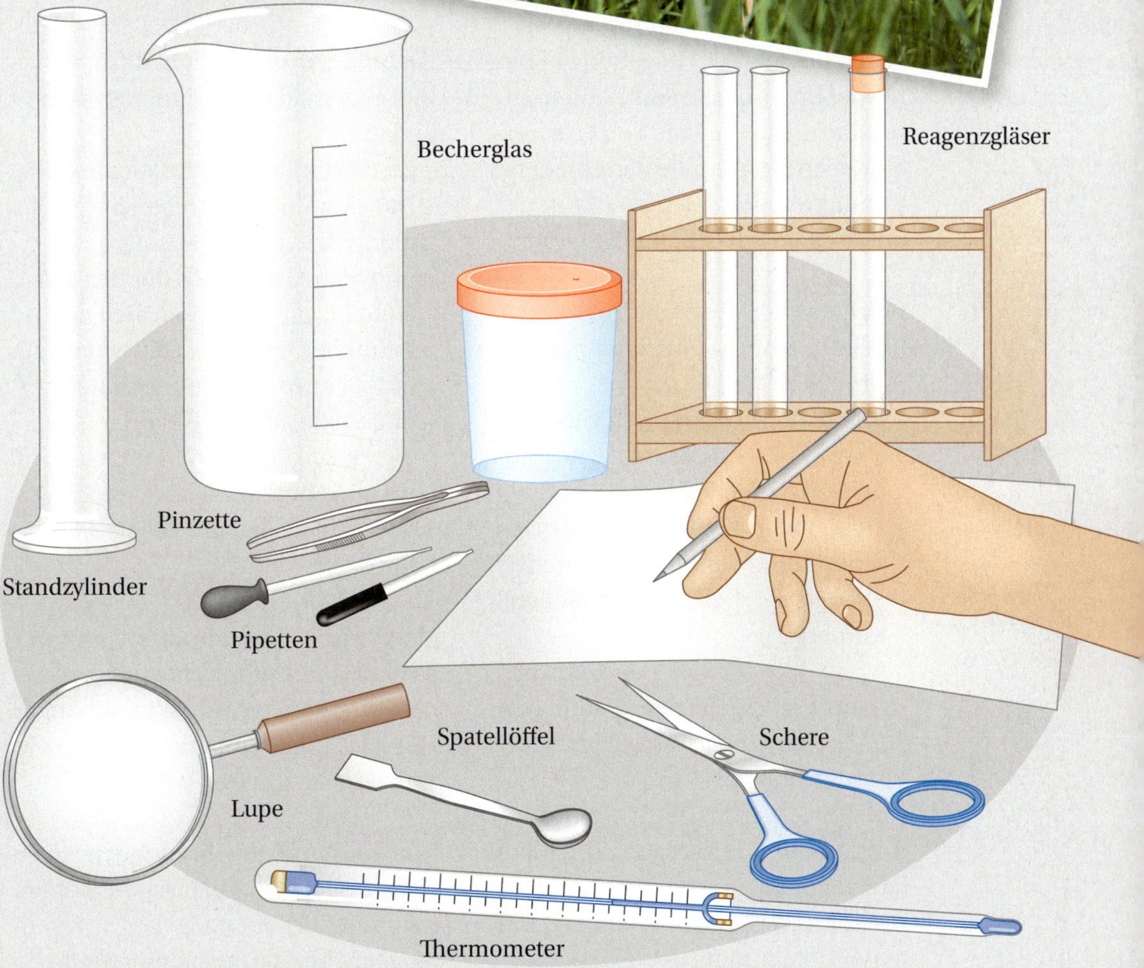
Becherglas
Reagenzgläser
Pinzette
Standzylinder
Pipetten
Spatellöffel
Schere
Lupe
Thermometer

Glossar

Ein Glossar ist ein **alphabetisch geordnetes Wörterverzeichnis.** Jeder aufgeführte Begriff wird durch einen Kommentar ergänzt. Dabei kann es sich um eine Definition oder auch um eine Erläuterung handeln.
So kannst du dich leicht über **wesentliche Fachbegriffe** informieren.

Atmung (äußere): Aufnahme von Sauerstoff aus der Umgebung in den Körper und Abgabe von Kohlenstoffdioxid an die Luft. Der Gasaustausch erfolgt mithilfe verschiedener Atmungsorgane (Kiemen, Haut, unterschiedlich gebaute Lungen).

Befruchtung: Verschmelzung von Eizelle (weiblich) und Samenzelle (männlich)
- innere Befruchtung: Die Verschmelzung der Ei- und Samenzelle erfolgt im weiblichen Körper.
- äußere Befruchtung: Die Verschmelzung der Ei- und Samenzelle erfolgt außerhalb des weiblichen Körpers.

Begattung: Abgabe der männlichen Samenzellen in die weiblichen Geschlechtsorgane

Bestäubung: Übertragung des männlichen Pollens (durch Insekten, Wind Wasser usw.) auf die weiblichen Blütenteile einer Blüte derselben Art

Destruenten (Zersetzer): Sie bauen organische Abfälle ab. Dabei entstehen Stoffe, die den Produzenten als Nahrung dienen.

Fische: wasserlebende Wirbeltiere mit einem knöchernen Innenskelett; feuchte Haut, mit Schuppen bedeckt; Kiemenatmung; geschlechtliche Fortpflanzung

Fortpflanzung: Sie dient dazu, Lebewesen der nächsten Generation zu bilden.
- geschlechtliche Fortpflanzung: Die Nachkommen entstehen jeweils durch die Verschmelzung von Ei- und Samenzelle. Aus der befruchteten Eizelle entwickelt sich der Keimling (Embryo). Dieser wird zur Jungpflanze bzw. zum Jungtier.
- ungeschlechtliche Fortpflanzung: Es erfolgt keine Verschmelzung von Ei- und Samenzelle. Die Nachkommen bilden sich aus Teilen des Körpers.

gleichwarm: Die Körpertemperatur schwankt nur sehr wenig um einen bestimmten Wert. Sie ist unabhängig von der Außentemperatur. (Beispiele: Säugetiere und Vögel)

Konsumenten (Verbraucher): Sie ernähren sich von organischen Stoffen. In ihrem Körper erfolgt die Umwandlung und Verwertung dieser Stoffe.

Kriechtiere: wechselwarme Wirbeltiere; trockene, von Hornschuppen, Hornplatten oder Hornpanzern bedeckte Haut; atmen durch einfach gekammerte Lungen; pflanzen sich geschlechtlich fort (innere Befruchtung)

Lebensgemeinschaft: Sie besteht aus Lebewesen verschiedener Arten in einem Lebensraum. Zwischen ihnen gibt es z. B. Nahrungsbeziehungen.

Lebensraum: Lebensstätte einer Gruppe von Lebewesen. Sie ist durch Klima, Wetter usw. gekennzeichnet.

Lurche: wechselwarme Wirbeltiere; nackte, drüsenreiche Haut; atmen durch sackförmige Lungen und durch die Haut; geschlechtliche Fortpflanzung

Merkmale des Lebens: Bewegung, Stoffwechsel, Reizbarkeit, Wachstum und Entwicklung, Fortpflanzung

Metamorphose: Gestaltwandel während der Entwicklung. Es gibt mindestens ein Larvenstadium. (Beispiele: Frösche, Insekten)
- vollständige Metamorphose: Neben einem Larvenstadium gibt es auch ein Puppenstadium (Ruhephase).
- unvollständige Metamorphose: Ein Ruhestadium existiert nicht.

Nahrungsketten: Sie sind lineare Darstellungen von Nahrungsbeziehungen.

Nahrungsnetze: Sie stellen miteinander verbundene Nahrungsketten dar.

Nestflüchter: Jungtiere, die nach der Geburt bzw. dem Schlupf sehr weit entwickelt sind. Sie können das Nest sofort verlassen.

Nesthocker: Jungtiere, die nach der Geburt bzw. dem Schlupf noch sehr unentwickelt sind (z. B. fehlendes Fell bzw. Federkleid). Sie bleiben daher einige Zeit im Nest.

Ökosystem: Einheit von Lebensraum und Lebensgemeinschaft

Produzenten (Erzeuger): Sie bauen unter Nutzung des Sonnenlichts organische Stoffe aus Wasser, Kohlenstoffdioxid und Mineralstoffen auf.

Säugetiere: gleichwarme Wirbeltiere; trockene Haut, mit Haaren bedeckt (selten nackt); atmen durch stark gekammerte Lungen (Lungenbläschen); pflanzen sich geschlechtlich fort (innere Befruchtung); lebend gebärend, säugen die Jungen

Vögel: gleichwarme Wirbeltiere; trockene Haut, von einem Federkleid bedeckt; atmen durch stark gekammerte Lungen (Lungenpfeifen) mit Luftsäcken; pflanzen sich geschlechtlich fort (innere Befruchtung); betreiben Brutpflege

wechselwarm: Die Körpertemperatur ist abhängig von der Außentemperatur. (Beispiele: Insekten, Fische, Lurche, Kriechtiere)

Lösungen zu Teste dich selbst

Lebewesen in unserer Umgebung

Wähle aus – ↗ S. 26

1 C; 2 B; 3 C; 4 C; 5 B

Beantworte ausführlich – ↗ S. 27

1. a) Die Pflanze auf dem Bild ist vertrocknet. Die Pflanze muss zum Leben u. a. Wasser aufnehmen. Das Bild verdeutlicht das Merkmal „Stoffwechsel“.
   b) Die Pflanze hat eine Fliege gefangen. Dazu hat sich das Blatt geschlossen. Die Pflanze hat auf die Berührung der Fliege reagiert – Merkmal „Reizbarkeit“. Außerdem hat sie eine „Bewegung“ ausgeführt.
   Nicht zuletzt dient die Fliege dieser speziellen Pflanze (Sonnentau) auch als Nahrung. Das Foto verdeutlicht also auch das Merkmal „Stoffwechsel“.
   c) Bienen übertragen den Pollen von Blüte zu Blüte. Die Bestäubung ist die Voraussetzung für die Bildung von Früchten und Samen. Das Foto verdeutlicht das Merkmal „Fortpflanzung“.

2. Beispiel Katze
   a) Stoffwechsel, Bewegung, Wachstum und Entwicklung, Reizbarkeit, Fortpflanzung
   b) *Stoffwechsel:* Die Katze benötigt Nahrung und Wasser.
   Sie scheidet unverdauliche Reste aus.
   Bewegung: Die Katze putzt sich, sie läuft zum Fressnapf, lauert einer Maus auf usw.
   Wachstum und Entwicklung: Aus einem kleinen Katzenkind wird in ca. einem Jahr eine ausgewachsene geschlechtsreife Katze.
   Reizbarkeit: Die Katze reagiert z. B., wenn sie gestreichelt wird oder wenn sie ein Beutetier erspäht. Sie läuft bei Gefahr weg oder greift an.
   Fortpflanzung: Paart sich eine Katze, bekommt sie Junge.
   c) Die genannten Situationen kannst du jeweils mit einem Foto belegen.

3. a/b)

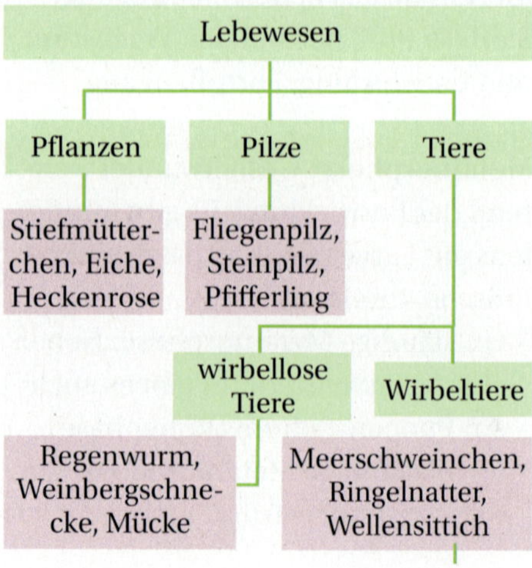

Säugetiere in unserer Nachbarschaft

Wähle aus – ↗ S. 66

1 C; 2 C; 3 B; 4 A, C; 5 B, C; 6 A

Beantworte ausführlich – ↗ S. 67

1. a) Skelett (hier sichtbar am Handskelett), Fell mit Haaren als Körperbedeckung, Atmung durch Lungen, Säugen der Jungen
   b) Säugetiere leben auf dem Land, in der Luft und im Wasser. Sie sind Wirbeltiere, denn sie besitzen ein Skelett mit Wirbelsäule. Das Gliedmaßenskelett ist an die Fortbewegung angepasst.
   Säugetiere atmen durch Lungen. Ihr Fell ist trocken und mit Haaren bedeckt. Es dient u. a. zum Schutz vor Kälte. Säugetiere haben eine gleichwarme Körpertemperatur.
   Säugetiere bringen lebende Junge zur Welt, die sie säugen.

2. Die Aussage ist richtig: Der Mensch gehört zu den Säugetieren.
   Begründung: In den grundlegenden Merkmalen stimmt der Mensch mit den Säugetieren überein.
   Der Mensch besitzt ebenfalls eine trockene Haut mit Haaren. Seine Körpertemperatur liegt bei ca. 37 °C, ist also im Allgemeinen konstant.
   Die Befruchtung der Eizelle findet im Inneren des Körpers statt. Der Embryo entwickelt sich im Mutterleib. Das Neugeborene wird mit Muttermilch ernährt.
   Der Mensch atmet auch durch Lungen. Dabei erfolgt ein Austausch von Sauerstoff und Kohlenstoffdioxid.
   Die übereinstimmenden Merkmale sind ein Beweis dafür, dass der Mensch ebenfalls zu den Säugetieren gehört.

3. a) Der Fellwechsel findet im Herbst statt. Für den Winter braucht das Tier ein wärmeres Fell, das ihm einen guten Kälteschutz bietet. Das Fell des Hermelins wird im Herbst dichter. Die kurzen, locker stehenden Wollhaare des Sommerfells werden gegen die längeren dicht stehenden Wollhaare des Winterfells ausgetauscht. Dabei verändert sich auch die Fellfarbe. Das braune Sommerfell weicht einem weißen Winterfell. (Tipp: Die Änderung der Fellfarbe ist abhängig vom Lebensraum. Hermeline, die im hohen Norden leben, sind ganzjährig weiß gefärbt, Hermeline in südlichen Gegenden meist ganzjährig braun.)
   b)

	Sommerfell	Winterfell
Gemeinsamkeiten	trockene Haut mit Haaren, Fell bestehend aus Grannen- und Wollhaaren	
Unterschiede	kurze Wollhaare, geringe Anzahl; Fellfarbe braun	lange Wollhaare, große Anzahl; Fellfarbe weiß

   c) Durch den Fellwechsel sind Hermeline an unterschiedliche Jahreszeiten angepasst. Das dichte Winterfell bietet einen guten Kälteschutz und hält den Körper

warm. Im Sommerfell überwiegen die Grannenhaare. Sie dienen dem Nässeschutz.
Da im Winter häufig Schnee liegt, sind die Tiere durch die weiße Fellfarbe gut getarnt, ebenso durch die braune Fellfarbe im Sommer.

4. a) Die Aussage ist falsch. Wale sind keine Fische. Wale atmen durch Lungen, bringen lebende Junge zur Welt und säugen diese.
Richtig: Wale leben im Wasser und sind die größten Säugetiere.
b) Die Aussage ist falsch. Fledermäuse bringen lebende Junge zur Welt, die gesäugt werden. Das sind Säugetiermerkmale.
Richtig: Fledermäuse sind nachtaktive Tiere. Sie gehören zur Gruppe der Säugetiere und ernähren sich (häufig) von Käfern und Schmetterlingen.
c) Die Aussage ist falsch. Die Haut der Säugetiere ist nicht von Hornschuppen bedeckt.
Richtig: Säugetiere haben eine trockene Haut mit Haaren (Fell).
d) Die Aussage ist richtig. Ein Merkmal aller Säugetiere ist die innere Befruchtung.

Die Vielfalt der Wirbeltiere

Wähle aus – ↗ S. 116

1 B; 2 B, C; 3 B; 4 A; 5 B; 6 A; 7 A; 8 C; 9 A, B

Beantworte ausführlich – ↗ S. 117

1.

Wasser	Land
Kiemenatmung bei der Larve, Hautatmung beim erwachsenen Tier	Lungenatmung beim erwachsenen Tier
Ruderschwanz der Larve, Schwimmhäute zwischen den Zehen des erwachsenen Tiers	Hinter- und Vordergliedmaßen beim erwachsenen Tier
feuchte Haut	

2. Fische atmen durch Kiemen. Kiemen dienen dazu, Sauerstoff aufzunehmen, der im Wasser gelöst ist. Der Sauerstoff der Luft kann nicht mit Kiemen aufgenommen werden. Ist also im Wasser nicht genug Sauerstoff gelöst, ersticken die Fische.

3. Am Morgen sind die Temperaturen recht niedrig, die Sonne steht noch nicht hoch am Himmel.
Lurche (Salamander) sind, ebenso wie Kriechtiere (Eidechse) wechselwarme Tiere. Ihre Körpertemperatur ist abhängig von der Umgebungstemperatur.
Der Salamander ist ein Feuchtlufttier und kann sich nicht der direkten Sonnenstrahlung aussetzen. Da er im kühlen Schatten liegt, ist seine Körpertemperatur noch zu niedrig, um *schnelle* Bewegungen ausführen zu können. (Die Eidechse ist durch

ihre Hornschuppen vor Verdunstung geschützt. Sie hat sich an ihrem Platz schon ausreichend aufgewärmt und ist somit wieder beweglich.)

4. a) A Kriechtiere; B Säugetiere; C Vögel
   b) *Gemeinsamkeiten:* Schutz vor Austrocknung; Tarnung in der Umwelt,
   Unterschiede: B und C - Schutz vor Nässe, Kälte und Hitze, C - Federkleid unterstützt das Fliegen

5. Zum Fliegen muss das Gewicht möglichst gering sein.
   Die Fortpflanzungszeit ist begrenzt, die Geschlechtsorgane sind nur in der Brutsaison voll ausgebildet. Dies dient der Gewichtseinsparung, ebenso, dass nur ein Eierstock vorhanden ist. Die Regulierung der Körpertemperatur erfolgt nicht über Schweißdrüsen, sondern über den Luftstrom. Das spart Wasser und somit auch Gewicht.

6. a) *Forelle:* Gewässerverschmutzung
   Moorfrosch: Zerstörung des Lebensraumes durch Trockenlegung von Feuchtgebieten
   Erdkröte: zunehmender Autoverkehr (Laichwanderung)
   Blindschleiche: Abbrennen von Böschungen und Straßengräben im Frühjahr
   Schlingnatter: Zuwachsen von Trockenhängen (Licht und Wärme fehlen)
   Weißstorch: Trockenlegung von Niederungen und Feuchtwiesen
   Zaunkönig: Fehlen von Hecken in der Landschaft
   Fledermäuse: fehlende Nisthöhlen durch Fällen alter Bäume und Dachsanierungen
   b) Die Verringerung der Artenvielfalt ist ein Verlust. Die Menschen müssen mehr Verantwortung für die Erhaltung von Lebensräumen übernehmen. So sollte z. B. bei Bebauungsplänen die mögliche Zerstörung von Lebensräumen Berücksichtigung finden. Es ist wichtig, ein ausgewogenes Gleichgewicht zwischen Schutz und Nutzung der Umwelt zu finden.
   Zum Schutz der Arten trägt auch bei, wenn sich jeder in der Umwelt so verhält, dass kein Schaden entsteht (keinen Müll und keine Abwässer in die Natur geben, keine Pflanzen unnütz abreißen, Tiere nicht durch Lärm beeinträchtigen usw.).

Wirbellose in unterschiedlichen Lebensräumen

Wähle aus – ↗ S. 146

1 B; 2 A; 3 A, C; 4 C; 5 B

Beantworte ausführlich – ↗ S. 147

1. Die Aussage ist richtig. Nur wir Menschen fragen, ob ein Tier aus unserer Sicht nützlich oder schädlich ist.
   In der Natur ist jede Tierart wichtig und ein Teil des Stoffkreislaufs.
   So haben wir zwar auch Nutzen davon, dass viele Insekten Blütenbestäuber sind und Regenwürmer die Fruchtbarkeit des Bodens erhöhen. Diese Wirkungen ihrer Lebensweise sind aber auch in der Natur wichtig.

Fressen die Tiere Kulturpflanzen, Lebensmittelvorräte, Textilien und Holz an oder übertragen sie Erreger von Pflanzenkrankheiten sowie von Krankheiten des Menschen und der Tiere, sind sie Schädlinge für uns Menschen. In der Natur bilden sie einerseits die Grundlage für die Ernährung ihrer Fressfeinde. Da besonders geschwächte Tiere oder Pflanzen angegriffen werden, haben die „Schädlinge“ andererseits in der Natur häufig regulierende Funktion.

2. Im Sommer findet der Regenwurm genügend Nahrung. Er zieht Pflanzen in seine Gänge. Die verrotteten Reste frisst er. Seine Kothäufchen legt er auf der Erde ab.
Im Winter wachsen auf verschneiten Böden keine Pflanzen und die oberen Bodenschichten sind gefroren. Zum Schutz vor der Kälte gräbt sich der Regenwurm in tiefere Bodenschichten ein und verfällt in die Kältestarre.

3. Beide Tiere sind Bodenlebewesen.
Der Regenwurm besitzt einen gestreckten, walzenförmigen Körper. Unter der Haut sitzt der Hautmuskelschlauch. Dieser ermöglicht ihm, unterstützt von den Borsten am Körper, kriechende Bewegungen in seinen Erdröhren.
Die Maulwurfsgrille besitzt einen gedrungenen Körper. Die zu Grabschaufeln umgebildeten Vorderbeine ermöglichen ihr, unterirdische Gänge in Wiesen, Feldern und Gärten zu graben.

4. *Gemeinsamkeiten:* kein Skelett mit Wirbelsäule; gegliederte Beine; behaarter Körper; Augen; Tastorgane (Fühler/Taster);
Unterschiede:

	Biene	Spinne
Körpergliederung	gegliedert in Kopf, Brust und Hinterleib	gegliedert in Kopfbrust und Hinterleib
Anzahl der Beinpaare	3 Beinpaare	4 Beinpaare
Anzahl der Flügelpaare	2 Paar Flügel	keine Flügel
Schlussfolgerung	Insekt	Spinnentier

5. Folgende Punkte müsste dein Vortrag auf jeden Fall enthalten:
   - Ein Tierstaat ist eine Form des Zusammenlebens von Tieren einer Art, wobei Arbeitsteilung herrscht.
   - Staaten bildende Insekten sind: Ameisen, Honigbienen, Hornissen, Hummeln, Wespen.
   - Die Tiere können aufgrund des unterschiedlichen Körperbaus verschiedene Aufgaben erfüllen.

Funktion	Bau
Königin legt Eier	gut entwickelte Geschlechtsorgane; Mundwerkzeuge und Sammeleinrichtungen rückgebildet; Flügel
Männchen begattet die Königin	gut entwickelte Geschlechtsorgane; Sammeleinrichtungen fehlen; Flügel

Funktion	Bau
Arbeiterinnen sammeln, pflegen, schützen	verkümmerte Geschlechtsorgane; gut entwickelte Sammeleinrichtungen und Verteidigungseinrichtungen (Drüsen, Stachel)

6. *Geschützte Insekten:* Libellen (z.B. Pracht-, Heidelibelle, Mosaikjungfer), Schmetterlinge (z.B. Admiral, Tagpfauenauge, Distelfalter, Wiesenbläuling, Kleiner Fuchs, Großer Fuchs, Landkärtchen), Käfer (z. B. Gold-Laufkäfer, Rosenkäfer, Nashornkäfer, Hirschkäfer, Walker)
Ursachen für die Gefährdung: Zerstören von Lebensräumen (Abriss von Scheunen, Holzzäunen); Zerstören von Nistmöglichkeiten (Fällen alter Bäume, Verputzen von Hauswänden, Verkleiden von Hausfassaden); Beseitigen von Nahrungsquellen (Beseitigen von Weg- und Feldrändern, regelmäßiges Mähen von Wiesen, Unkrautbeseitigung in Gärten)
Möglichkeiten des Schutzes: Schaffung von neuen Lebensräumen, Anbringen von Nisthölzern, Aussäen von Futterpflanzen für Insekten

Pflanzen in unserer Umgebung

Wähle aus – ↗ S. 186

1 B, C; 2C; 3 C; 4 A; 5 A, B; 6 C

Beantworte ausführlich – ↗ S. 187

1. Blüte (1), Blatt (2), Sprossachse (3), Wurzel (4)
Funktion
(1) Fortpflanzung,
(2) Fotosynthese,
(3) Stofftransport und Stoffspeicherung,
(4) Aufnahme von Stoffen aus dem Boden

2. a) Als „Bienenweide“ werden Pflanzen bezeichnet, deren Blüten von Bienen als Futterquelle genutzt werden. Das trifft auf Raps zu.
b) Bienen übertragen bei der Nahrungssuche den Pollen von einer Blüte zur anderen Blüte derselben Art. Erst durch diese Bestäubung gelangen die männlichen Samenzellen auf die weiblichen Teile der Blüte. Das ist die Voraussetzung für die Bildung der Früchte und Samen. Daher wird durch den Blütenbesuch der Bienen der Ertrag beeinflusst.
c) Rohstoffe aus der Land- und Forstwirtschaft heißen nachwachsende Rohstoffe. Zu ihnen gehört auch Raps. Rapsöl kann beispielsweise zu Biodiesel weiterverarbeitet werden.
d) weibliche Blütenteile: Fruchtblatt mit Fruchtknoten; männliche Teile: Staubblätter;
Bestäubung ⟶ Befruchtung

→ befruchtete Eizelle im Fruchtknoten → befruchtete Eizelle entwickelt sich zum Embryo, Fruchtknoten zur Schote

3. Die Pflanzen speichern in ihren Speicherorganen Reserven für die nächste Wachstumsperiode: Die Kartoffel bildet Sprossknollen, das Veilchen und der Löwenzahn speichern Reservestoffe in der verdickten Wurzel. Die oberirdischen Teile sterben im Herbst ab und werden im Frühjahr neu gebildet.

4. Beim Berühren der Platte bewegen sich die Staubblätter auf die Präpariernadel zu. Das Gleiche passiert, wenn eine Hummel die Platte berührt. Die Hummel wird so mit Blütenstaub bedeckt und trägt diesen Blütenstaub zur nächsten Blüte. Auf diese Art ist der Transport gesichert.

5. a/b) *Löwenzahn:* Transport durch Wind
weiteres Beispiel: Pappel
Klette: Anhaften am Fell und Transport durch Tiere
weiteres Beispiel: Kletten-Labkraut

Lebensräume und ihre Bewohner

Wähle aus – ↗ S. 224

1 A, B, C; 2 B, C; 3 A, B; 4 A, C; 5 B; 6 A

Beantworte ausführlich – ↗ S. 225

1. a) *Gemeinsamkeiten:* Fließgewässer, Süßwasser
Unterschiede: Im hinteren Foto ist ein relativ naturnahes Gewässer zu sehen, der Flusslauf ist gewunden. Die Uferbereiche sind stark bewachsen.
Im vorderen Foto ist der Fluss stark beeinflusst – der Lauf ist begradigt, die Ufer sind weniger bewachsen.
b) Die Artenvielfalt wird sicher im naturnahen Gewässer größer sein, weil es dort mehr Pflanzen gibt, die Fließgeschwindigkeit geringer ist und mehr Nischen als Kleinstlebensräume und Laichplatz zur Verfügung stehen.
c) *Renaturierung von Gewässern:* Rückbau der Begradigung und von Betonbegrenzungen der Uferzonen; Lebensräume der Tiere werden wiederhergestellt; *Anlegen neuer Gewässer:* Schaffung neuer Lebensräume.

2. Gibt es z. B. in eurer Region Betriebe, die einen Einfluss auf die Umwelt haben? Wohnt ihr an einem Verkehrsknotenpunkt?

3. Die Temperaturen in Städten sind höher als im Umland.
Außerdem finden die Tiere in Parkanlagen, unverschlossenen Abfallbehältern und in Futterhäuschen

eher Nahrung als außerhalb der Stadt.

4. Frage in den entsprechenden Ämtern oder bei Umweltschutzorganisationen in deiner Region nach.

5. a) *Produzent:* Eberesche
   Konsumenten: Amsel, Katze, Habicht
   b) *Amsel:* Die Amsel ernährt sich sowohl von Samen und Früchten als auch von Regenwürmern und Insekten, die sie am Boden findet. Ihr Schnabel ist stark zugespitzt, aber auch relativ lang. Sie kann damit sowohl Samenkörner aufnehmen als auch Regenwürmer ergreifen.
   Katze: Die Katze ist ein Raubtier und besitzt ein entsprechendes Gebiss. Außerdem sind ihre Pfoten durch die ausfahrbaren Krallen sehr gut zum Erbeuten von Mäusen und anderen Kleintieren geeignet.
   Habicht: Der Habicht ist ein Raubvogel. Sein Schnabel ist scharf und die Spitze gekrümmt. Damit kann er seine Beute aufreißen und zerlegen. Mit seinen scharfen Krallen ergreift er seine Beute. Zudem kann er besonders gut sehen. So entdeckt er seine Beutetiere schon aus großer Höhe.

Register

M

N

O

P

R

S

Bildquellenverzeichnis

stock.adobe.com/OHRAUGE: 25/3; adpic Bildagentur / M. Schenkelberg: 28/2; BackArts GmbH: 129/3, 155/1, 195/2; Dr. D. Barnekow, Universität Flensburg: 97/3 - 6; BASF Agrarzentrum, Limburgerhof: 150/4; Bibliographisches Institut AG: 4/1u.3, 5/1, 9/3, 21/2, 23/1, 24/1 - 2, 36/1, 40/1, 40/3, 40/4, 42/2, 50/1, 51/1 - 2, 57/1, 57/3, 59/1 - 2, 61/1, 61/3, 64/2, 64/3, 64/5, 64/6, 67/2, 67/4, 68/4, 75/1, 81/2, 82/1, 83/5, 89/2, 89/5, 92/2, 92/3, 92/5, 93/1, 93/2, 94/1, 98/1, 98/5, 99/1, 99/2, 101/2, 106/2, 107/1, 107/4, 108/2, 110/6, 111/12, 113/1, 113/2, 115/1 d.h, 116/6, 118/1, 118/2, 119/3, 119/4, 124/2, 127/1, 129/1, 129/2, 130/1, 133/2, 133/3, 133/4, 135/1, 136/4, 137/4, 140/1, 140/2, 144/4, 145/1, 145/2, 145/3, 146/2, 147/1, 147/2; 147/3, 147/4, 148/2, 151/4, 152/1, 157/1, 158/2, 159/2, 159/3, 160/1, 162/1, 163/2, 164/4, 165/2, 168/1, 177/1, 177/2, 178/1, 178/2, 179/1, 184/1, 184/2, 190/3, 196/1, 196/2, 197/1, 197/1, 199/1, 200/1, 200/1, 200/2, 201/1, 206/7, 221/5, 221/6, 222/2, 222/6, 225/1, 225/3, 225/4, 227/3, 229/1, 230/1, 230/2, 233/1, 233/3, 234/1, 235/1, 235/3; Sächsische Landesbibliothek - Staats und Universitätsbibliothek Dresden: 192/1; A. Biedermann, Berlin: 17/1; Bildagentur Waldhäusl: 81/3; BMLFUW: 223/2; K. Bogon, Kassel: 39/1; R. Böhmig, „Rat für jeden Gartentag“ (Neumann Verlag, 24. Aufl., Radebeul 1995): 158/1; K. Braun: 174/4, 174/5, 174/6, 235/2; Dr. S. Brezmann, Hamburg: 175/1, 193/4; Prof. Dr. W. Bricks: 162/2; Canon Deutschland GmbH:183/1; 2006 Dr. A. Loftis, Dr. W. Nicholson, Dr. W. Reeves, Dr. C. Paddock/ CDC: 25/2 u.6; CDC/J. H. Carr:120/2; CNH Deutschland GmbH: 206/3; Corel Photos Inc.:16/2, 19/3, 32/2, 40/6, 51/3 - 4, 56/1, 92/4, 98/3, 98/4, 105/5, 114/3;134/1, 161/3-4, 163/4; Chemisches und Veterinäruntersuchungsamt Ostwestfalen-Lippe, Standort Detmold: 121/3; B. Dapprich, Amstetten: 121/1, 227/1; Duden Paetec GmbH: 67/1, 69/1, 74/2, 79/1, 80/1, 161/1, 182/1, 206/5, 210/3; W. Eisenreich, Gilching: 175/2, 179/3; L. Engelmann, Berlin:17/2, 217/6; R. Fischer: 211/1, 217/2, 222/1; Sächsische Landesanstalt für Forsten: 193/1; Fotolia/alphacell:169/6, Ctacik: 240/1, dreambigphotos: 169/5, Friedberg:169/3; Gertrude K.: 149/2, 177/3, HLPhoto: 169/4, J. Chabraszewski: 166/1, 229/2; Lianem:169/2, S. Chushkin:151/1; 187/2; S. Morard: 152/2; S. R. Halifax: 48/4, St. Iversen: 152/3, T. von Au: 76/2, V. Grishin: 185/2, Yasonya: 169/1; Hemera Photo Objects;19/2, 104/1 Prof. Dr. F. Horn, Rostock: 150/3, 193/2 193/3; H.J. Huschens: 42/1, 115/4, 118/1, 124/1, 136/1, 137/2; IMA, Hannover: 158/3, 222/3; Deutscher Imkerbund e.V.: 119/2; iStockphoto: 20/1, 22/1, 25/1, 25/7, 27/4, 28/3, 29/2, 30/5, 35/3, 37/2, 41/1, 48/1, 48/3, 52/1, 53/1, 53/3, 61/2, 64/4, 68/2, 74/1, 76/1, 76/3, 79/3, 84/1, 92/1, 97/1, 105/3, 120/3, 133/1, 138/1, 149/1, 160/3, 160/5, 164/2, 165/4, 176/1, 195/1, 236/1, 8/1, E. Iselee: 31/1, 34/1, 62/1, S. Allan: 217/5, 231/1, A. Benedek: 32/1, 173/1, 194/1, 223/1, A. Gehrig: 37/3, 86/1, 227/5, A. Hafemann: 187/1, A. Utekhina: 35/1, 35/2, A. Zoric: 37/1, A.Prill: 215/1, B. Coenders: 14/1, B. Djuranovic: 30/4, B. Rytter: 60/1, C. Hansen: 207/1, 237/1, C. Soutar: 239/1, D.-J. Mattaar: 79/2, F. Ch. de Ribaucourt: 231/4, F. Rostagno: 221/1, G. Bekenkamp: 64/1, J. Frank:26/1, J. Hauge:10/3, J. Maddock: 27/3, J. Pond: 29/1, J. Steele:156/1, L. Jendrol: 38/1, L. Tillim:48/2, M. Apps: 46/1, M. Childs: 48/5, M. Fernahl: 223/3, M. Pawinski: 54/1, M.Pateman: 114/2, P. Falk: 145/4, P. S. Mills: 23/2, R. Redelowski: 228/1, S. Lukyanov: 120/4, S. Randall: 205/1, St. Able: 38/2, T. Karock: 108/1; Dr. G. Kauschka, Berlin: 175/3; C. Kilian, Berlin: 81/1, 214/1; T. Kraft, Chemnitz: 109/1; Laubag: 89/1, 223/4; LFA: 138/2; Dr. G. Liesenberg, Berlin: 9/1, 18/2, 25/5, 206/2, 206/6, 210/1, 214/2, 218/1, 221/3 u. 4, 225/2; H. Mahler, Fotograf, Berlin: 10/1, 27/1, 154/1, 154/2, 159/1, 161/2, 169/7, 170/1 - 7, 172/1, 185/1, 202/1; K. Mall: 42/3; mauritius images/J. Mülle: 8/2; Workbookstock.com: 40/5, 236/2, 44/1, 85/2, 136/3, 144/2, 190/1;220/1, 226/1, 237/2; Eckart Pott: 88/3; M. Biere-Mescheder, Schloss Holte-Stukenbrock: 9/3, 9/4, 9/5, 18/1, 174/1, 174/2, 174/3; Pitopia: 221/2; Volker Minkus, Isernhagen: 195/3, 195/4; NABU/H. May: 88/1; Naturfotografie F. Hecker: 10/2, 14/2, 21/3, 121/2, 122/1, 123/1, 124/1, 131/1, 135/2, 146/1, 164/3, 227/2; www.naturganznah.de: 150/2; Z. Neuls, Berlin: 40/2, 163/3, 184/3, 189/1; E. Oertel: 217/4; panthermedia: 73/1, 105/4, 120/1, 126/1, 137/1, 173/1, 194/1, 222/4, 223/1, 227/5, 231/1, B. Schmidiger: 114/5, F. Büscher: 86/3, 231/1, G. Fechtig: 27/2, 173/1, 194/1, 223/1, H. Hellwig: 126/2, 137/1, 227/5, I. Koch: 105/1, J. Freitag: 106/1, J. Humbert: 51/5, M. Bednar: 68/3; H-U. Pews, Berlin: 210/2; Photo Disc Inc.: 16/1, 19/1, 28/1, 30/3, 58/1, 85/1, 101/1, 128/1, 136/2 u. 5, 151/3, 152/4, 178/3, 192/2, 207/2, 217/1, 227/4, 232/1; picture-alliance: 126/1, 105/4, 120/1, 126/1, 137/1, 173/1, 194/1, 222/4, 223/1, 227/5, 231/1; OKAPIA KG, J. Meul: 120/1, OKAPIA KG, Germany: 102/1, 137/1, 227/5, ZB: 222/4, 231/1; dpa: 94/2, 173/1, 194/1, 223/1; Prof. Dr. W. Probst: 144/1, 148/1, 151/2, 165/1 u. 3, 173/2, 179/2, 183/2 - 4; Dr. B. Raum, Neuenhagen: 97/2, 137/3, 207/3, 219/1, 222/5; I. Rechenberg: 105/2; Reinhard-Tierfoto/H. Reinhard, Heiligkreuzsteinach/Eiterbach: 39/2 u. 3; Schmack Biogas AG Schwandorf/H. Stolz, Regensburg: 33/1; Shutterstock.com/Diyana Dimitrova: 119/1, Keith Hider: 137/2, Ratikova: 132/1; A. Steffen, Schwalmtal: 57/2; Tierbildarchiv Angermayer, Holzkirchen: 18/3, 25/4, 51/6, 83/1 u. 4 86/2, 91/1, 98/2, 99/3, 114/4 u. 6, 124/3, 136/1, 141/1, 144/3; UFOP e.V.: 211/2; Ullstein-Weber: 63/1, 190/2; Landesumweltamt Brandenburg: 58/2; meine4wände, www.meine4waende.de: 217/3; V. Wehser, Burg Stargard: 83/3; S. Wenning, Essen: 45/2; W. Winkler: 163/1; Prof. Dr. E. Zabel, Güstrow: 204/1; K.-H. Zeitler, München: 21/1, 83/2

Ökosystem Wiese

Wiesen sind für zahlreiche Tiere die Lebensgrundlage. Sie finden dort in verschiedenen „Stockwerken“ sowohl Nahrung, Wohn- und Brutstätten als auch Schutz vor Feinden.
Die Wiese ist also ein unersetzbarer Lebensraum, um viele verschiedene Pflanzen und Tiere zu schützen und zu erhalten.